高等学校教材

话说无人飞行器

主编 周 洲

编者 周 洲 王正平 王 睿

王科雷 许晓平 孙俊磊

邵 壮 祝宁华

U0195352

西北工业大学出版社

西安

【内容简介】 本书分为9章,基本内容为无人飞行器的过去、现在和未来,无人飞行器的形与美,飞行控制的力量,无人飞行器的形与力,设计与工具,流场与数学,未来网联无人机,无人机与人工智能结合的一个应用,以及无人飞行器现场演示等。

本书可作为高等学校相关课程的教材,也可供无人飞行器爱好者阅读参考。

图书在版编目(CIP)数据

话说无人飞行器 / 周洲主编. — 西安 : 西北工业大学出版社,2021.8

ISBN 978-7-5612-7875-8

Ⅰ.①话… Ⅱ.①周… Ⅲ.①无人驾驶飞行器 Ⅳ.①V47

中国版本图书馆 CIP 数据核字(2021)第 159669 号

HUASHUO WUREN FEIXINGQI
话 说 无 人 飞 行 器

责任编辑:蒋民昌		策划编辑:蒋民昌	
责任校对:朱晓娟		装帧设计:董晓伟	

出版发行:西北工业大学出版社

通信地址:西安市友谊西路 127 号   邮编:710072

电　　话:(029)88491757,88493844

网　　址:www.nwpup.com

印　刷　者:陕西向阳印务有限公司

开　　本:787 mm×1 092 mm　　1/16

印　　张:11.75

字　　数:308 千字

版　　次:2021 年 8 月第 1 版　　2021 年 8 月第 1 次印刷

定　　价:45.00 元

前　言

随着无人飞行器的广泛应用,希望了解无人飞行器的人越来越多。本书编写的初衷是为大学一年级学生研讨课而准备的,亦可作为无人飞行器爱好者初期学习之用;编写的思想是通过这门课程的学习,让学生了解无人飞行器以及相关知识的全貌。

本书的第 1 章介绍无人飞行器的过去、现在和未来,通过介绍各类无人机的发展、作用和价值,着重体现无人飞行器领域技术的演变和无人飞行器的社会角色。第 2 章介绍无人飞行器的形与美,通过讲述飞行器构型与构思,介绍飞行器设计的力学与美学之内在关联,诠释好的飞机一定是漂亮的,但有漂亮外形的飞机不一定是性能优良的飞机。第 3 章讲述飞行控制的力量,通过介绍无人飞行器的控制模式和未来控制的发展趋势,展示控制在无人飞行器领域越来越强大的作用。第 4 章讲述无人飞行器的形与力,通过介绍无人飞行器的外形与空气动力的关系,让学生体会空气动力的魅力。第 5 章讲述设计与工具,重点介绍无人飞行器构型所需工具的发展和案例演示。第 6 章讲述流场与数学,介绍计算流体力学的发展及其在无人飞行器设计中的意义和作用,并演示案例。第 7 章结合无人飞行器的最新发展,介绍未来网联无人机,讲述信息网络环境下无人机的飞行和应用,包括 5G 无人机、大数据无人机等。第 8 章结合人工智能的发展和应用,介绍无人机与人工智能结合的一个应用,展示无人机+人工智能的作用和所需进行的开发、研究。第 9 章采用外场教学的方式进行无人飞行器现场演示,选择的教学教具,在安全、可行的前提下,兼顾了系统的完整性、布局的多样性和能源的代表性,包括常规布局固定翼无人机、旋固耦合无人机、飞翼布局无人机、旋翼无人机、太阳能无人机等,操纵控制模式有遥控飞行、自动驾驶两种,通过现场讲解与演示,展示飞行器的集成设计和系统原理。

本书已经过两届大一学生教学试用,融入了大量对教学效果的体会,由西北工业大学"魅影"团队编写。"魅影"团队成立于 2002 年,一直从事无人飞行器领域前沿性、探索性应用基础和集成试验研究,迄今已承担了 20 多项国家课题,积累了大量的先进设计技术和试验装置,现将科研反哺教学。本书只是起步,后续还将在大学四年级开设"无人机设计 Capstone"课程,让学生尝试无人机的外形设计、气动设计、结构设计、控制律设计、数据链配置、加工制作、系统联试,以及外场飞行操纵等。

本书由周洲主编,编写分工为:周洲编写第 1 章;王正平编写第 2 章;王睿编写第 3 章;王科雷编写第 4 章;孙俊磊编写第 5 章;许晓平编写第 6 章;邵壮编写第 7 章;祝宁华编写第 8 章和第 9 章。

在编写本书的过程中,曾参阅了相关文献、资料,在此,谨向其作者深表谢意。

由于水平有限,书中难免存在不足之处,恳请读者批评指正。

编　者
2020 年 6 月

目　　录

第1章 无人飞行器的过去、现在和未来

1.1 世界无人飞行器的发展及角色

1.1.1 世界无人飞行器发展掠影

20世纪初,世界上最大的发明就是飞机。莱特兄弟1903年制造出第一架依靠自身动力进行载人飞行的飞机(见图1-1),缔造了航空业。纵观航空业发展的百年历史,何其壮观。

图1-1 莱特兄弟与第一架飞机

无人机又是什么时候出现的呢? 据简氏年鉴记载,1917年3月,世界上第一架无人机(见图1-2)在英国进行了第一次飞行试验。当时,该计划是作为绝密计划开展的,被命名为"AT计划"。但由于受到材料、通信、计算机、控制等基础技术的制约,无人机发展一直比较缓慢。直到20世纪90年代末,随着在几次高技术局部战争中的出色表现,无人机才开始被作为一种新的甚至带来作战方式革命性变化的航空作战装备而受到世界的广泛重视。

图1-2 第一架无人机

在讲无人机时,经常会涉及航模(见图1-3)、导弹等一些互有交集的对象。那么无人机

与航模和导弹到底有什么区别呢?

图 1-3　航模

航模侧重于运动表演,而无人机则是以任务功能为出发点的,二者都是无人飞行器(见图 1-4)。

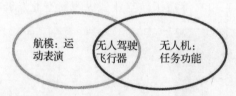

图 1-4　航模与无人机的关系

还有和无人机相近的是导弹。20 世纪 30 年代末,德国开始导弹技术的研究,1939 年发射了 A-1 导弹,A-2 导弹,A-3 导弹,并很快将研制这种小型导弹的经验应用到 V-1 导弹和 V-2 导弹上(见图 1-5)。

1944 年,德国的 V-1 巡航导弹

第二次世界大战期间德国研制的"莱茵女儿"防空导弹

图 1-5　导弹

导弹与无人机的区别又在哪呢?

导弹是精确制导武器,以精确打击目标为目的;无人机主要是载运平台,以搭载任务设备为主。它们的交集也是无人飞行器(见图 1-6)。

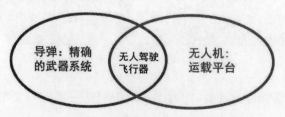

图 1-6　导弹与无人机的关系

　　无人机与导弹于 20 世纪 30 年代同期发展,作为飞行器,二者早期的外形十分相似,由于任务使命的不同,无人机的气动布局呈面对称、大展弦比形式,追求飞行距离远、时间长和承载能力大,而导弹的气动布局呈轴对称、小展弦比形式,追求机动能力强和打击性能精确。而现代无人机已经能承担飞机和导弹的双重功能,它们的布局形式又趋向统一(见图 1-7)。

　　无人机的发展受战争牵引,受技术推动。推动无人机发展的第一大技术就是无线电技术,20 世纪 20 年代,随着无线电技术的引入,无人机进入无线电遥控时代。

图 1-7　美国陆军的 Messenger 和海军的 N-9 无人机

　　事物没有市场就没有地位,直到 20 世纪 30 年代,无人机作为遥控靶机,其地位首次获得承认(见图 1-8)。

图 1-8　1938 年,N2C-2 无人机

　　美国于 1939 年开始研制靶机,瑞安-火蜂(见图 1-9)是其最早最有名的靶机。这里不得不说一下,靶机一直是无人机领域市场占有率最大的,也是经济效益最高的品种。至今,靶机占军用无人机市场 70% 以上。

图 1-9　瑞安-火蜂无人机

　　战争需求至今都是牵引无人机发展的主要因素。

　　(1)冷战:1960 年,U-2 飞机前往苏联侦察导弹基地,被击落,飞行员弗朗西斯·加里·鲍尔斯被俘,美国声誉大跌(见图 1-10)。1962 年,U-2 飞越古巴侦察,又被 SAM 导弹击毁,引发了使用无人飞行器进行侦察的思想。

图 1-10　U-2 和驾驶员弗朗西斯-加里-鲍尔斯

　　(2)越南战争(1961—1975 年):美军首次使用了经改装后的瑞安-火蜂无人侦察机 BQM-34(见图 1-11),避免了 1 000 多名飞行员丧命。这让世人第一次看到无人机这种新兵器特殊的实战功能。虽然当时无人机只有照相侦察、实时影像的功能,但让军事家看到在战场上无人机有用武之地。

　　(3)海湾战争(1991 年):在这次战争中,先锋(见图 1-12)等多型无人机,提供了电子情报信息,充当了诱饵。由于无人机出色的表现,海湾战争后全世界兴起了一股军用无人机研制的热潮。无人机成为"必须有"的战场能力。

图 1-11　无人侦察机 BQM-34　　　　　　　图 1-12　先锋无人机

　　在海湾战争之后,世界迎来了无人机时代。在我国国庆 60 周年阅兵式上,西北工业大学无人机方阵(见图 1-13 和图 1-14)展示的也是海湾战争之后研制的产品。

图 1-13　国庆 60 周年阅兵西北工业大学无人机方阵

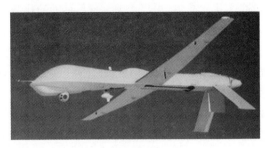

图 1-14　国庆 60 周年阅兵展示的西北工业大学无人机

（4）科索沃战争（1999 年）：这次战争是历次战争中使用无人机品种、架次最多的一次，也是发挥作用最大的一次。在这次战争中，有 7 种无人机参战，包括（TierⅡ）"捕食者"和"猎人"（Hunter）等早期的长航时无人机。

科索沃战争成为现代战争的最新版本，由传统的陆、海、空三位一体的战争演化到陆、海、空、天、电一体的多元空间的战争，计算机技术、通信技术的发展，使精确、远距、快速打击成为可能。这再次体现了技术推动发展的作用。

（5）阿富汗战争（2001—2014 年）：TierⅡ"捕食者"（Predator）作为载体（见图 1-15），首次实现了无人机直接对地攻击，将无人机从信息平台拓展到武器平台。

图 1-15　TierⅡ"捕食者"（Predator）

（6）伊拉克战争（2003—2011 年）：在这次战争中，"全球鹰"无人机与"大黄蜂"有人机构成的察/打一体化体系（见图 1-16），实现了"你察我打"、几分钟内解决问题的有人/无人系统作战模式。

图 1-16　"全球鹰"无人机与"大黄蜂"有人机协同作战

通过这几次战争,可以看到:①无人机的作战价值;②无人机和有人机之间协同作战的优势;③通过地面引导,人在环的模式在无人机上实现精确制导武器作战的有效性。由此可见,世界军事上提出了无人化作战、零伤亡战争的思想。

在几次战争的牵引下,伴随着计算机、先进材料、自动控制等技术的发展,无人机领域呈现出各类高性能平台。

1. 高空长航时无人机

国家国际地位的提高,国防实力是首要的。制空权、制信息权成为国家战略层面的缺口。高空长航时无人机"全球鹰"RQ-4A 就是一款制信息权平台(见图 1-17),它是 1995 启动,由诺斯罗普·格鲁曼公司研制,属先进概念技术演示验证计划,于 1998 年首飞。其有超高的性能指标如下:

起飞质量:11 612 kg。

飞行高度:19 800 m。

有效载荷:862 kg。

巡航速度:0.6Ma。

续航时间:24 h。

每天监视的范围:103 600 km^2。

图 1-17 "全球鹰"RQ-4A 无人机

近年来,频频发生了"全球鹰"无人机被击落的事件,如 2015 年 5 月 16 日美国《华盛顿邮报》报道,美军一架"全球鹰"RQ-4A 从本土起飞到东亚地区执行任务,在朝鲜北部被不明导弹袭击,坠毁在中国吉林省境内。2019 年 6 月 20 日,伊朗伊斯兰革命卫队表示刚刚击落一架美军"全球鹰"MQ-4C 无人机(见图 1-18)。所以,作为军事信息平台,无人机的隐身性能非常重要。

图 1-18 "全球鹰"MQ-4C 无人机

2. 高空长航时隐身无人机

飞行器的隐身一直是军事领域十分重视的性能之一。早在 1994 年"全球鹰"启动研究时,洛克希德·马丁公司和波音公司联合研制的隐身无人机(Tier Ⅲ)"暗星"也参加了竞标(见图 1-19)。

其性能指标如下:

高度:13 716 m。

有效载荷:454 kg。

续航时间:12 h。

它具有隐身能力,每小时可搜索 5 480 km² 的范围,分辨率为 0.9 m。

但因为它采用了隐身性能好的飞翼布局,起飞时多次失败,最终竞标失败,研制下马。

洛克希德·马丁公司并未放弃,于 2003 年启动了"臭鼬"(polecat)(又称为"暗星之子")高空长航时隐身无人机的研制(见图 1-20),2005 年验证机实现首飞,2006 年在范堡罗航展推出,当时是作为 2018 年美国空军远程攻击计划的一部分。

图 1-19　(Tier Ⅲ)"暗星"隐身无人机

图 1-20　"臭鼬"无人机

由于飞翼的特殊布局特性,2007 年它再次发生了坠毁。由于军事需要,派生了中间型号"RQ-170"。鉴于其优良的隐身性能,2011 年 5 月初,美国海豹突击队利用"RQ-170"提供的信息,在巴基斯坦击毙了 9·11 恐怖袭击的元凶基地组织领导人——本·拉登。但 2011 年 12 月 4 日伊朗在其境内,缴获了一架正在执行任务的美军"RQ-170"无人侦察机(见图 1-21)。所以无人机除了平台隐身以外,信息保密也非常重要。此外,导航抗欺骗也十分重要。

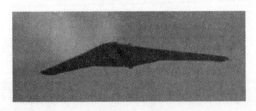
图 1-21　"RQ-170"无人侦察机

3. 自杀式攻击型无人机

除了以上靶机、侦察机等无人机外,还有一类是飞机和导弹结合的自杀式攻击型无人机,如以色列的 HARPY 和 HAROP 无人机(见图 1-22)。2017 年,中国人民解放军建军 90 周年朱日和军演和 2019 年国庆 70 周年展出的反辐射无人机也是这一种类型(见图 1-23)。

这一类无人机能够像飞机一样长时间巡航,像导弹一样精确打击,带有高效战斗部和准确识别雷达目标的导引头,以及实现精确打击的控制制导装置,是无人机走向攻击性武器装备的跨越。

图1-22 以色列的HARPY和HAROP无人机

图1-23 朱日和军演和国庆70周年展出的反辐射无人机

4.垂直/短距起降无人机

无人机的使用要求招之即来,挥之即去,因此无人机的起降方式也是最灵活、最多样的,垂直/短距起降无人机(见图1-24)布局构型很多,有直升机模式,倾转动力、倾转机身模式,旋转机翼模式等。

图1-24 垂直/短距起降无人机

5.舰载无人机

无人机还有一大类是舰载无人机,它的起降方式是其关键,如小型侦察机"扫描鹰"是适合于小型舰艇的无人机[见图1-25(a)],采用悬丝挂钩式导引着陆模式。"火力侦察兵"是中型舰载侦察机,采用常规的直升机旋翼模式[见图1-25(b)]。X-47B是大型作战无人机,能够实现航母舰载起降,且具有空中加油功能,是目前世界上具有强大作战能力的无人机。

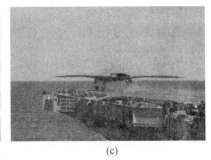

（a）　　　　　　　　　（b）　　　　　　　　　　　　（c）

图1-25　舰载无人机

（a）"扫描鹰"无人机；　（b）"火力侦察兵"无人机；　（c）X-47B无人机

6.微型无人机

微型无人机的尺寸只有厘米级,主要是用于间谍无人机,或特殊功能的群无人机载体。不是尺寸小的无人机就是微型无人机,微型无人机的设计技术属于专门的一类,如超低雷诺数的气动设计、微机械微装配、微动力等,一般会采用仿生技术进行设计(见图1-26)。

图1-26　微型无人机

7.新能源无人机

人类对石油过度的依赖而使石油迅速消耗殆尽,已面临能源危机,主要的替代能源有燃料电池、甲醇、生物能、太阳能、潮汐能和风能等多种新能源。迄今为止,只有水力发电和核能发电有明显的功效。随着石化能源紧缺问题的出现,以及大气污染的日益严重,航空领域新的航空能源也不断涌现。已有的氢动力无人机、氢氧电池无人机、太阳能无人机等,也带来了超常规动力的性能,如波音"鬼怪工厂"研制的氢动力"鬼眼"无人机可在20 000 m高空连续飞行4天[见图1-27(a)];航空环境公司(Aero Vironment)的首架氢氧电池"全球观测者"无人机可以飞行1周[见图1-27(b)];采用太阳能的"太阳神"无人机的目标是数月至数年[见图1-27(c)]。这类无人机将成为下一代无人机发展的方向。

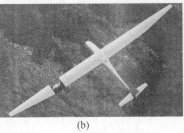

（a）　　　　　　　　　　　（b）　　　　　　　　　　　（cf）

图1-27　新能源无人机

（a）氢动力"鬼眼"无人机；　（b）氢氧电池"全球观测者"无人机；　（c）太阳能"太阳神"无人机

1.1.2 目前社会对无人机的需求

1. 边境巡逻

我国有边境线 55 000 km,其中,新疆有 5 600 km,西藏高原 4 000 km,仅中印边界就有 2 000 km。近半个多世纪以来,边境巡逻全是靠人工巡逻,尤其高原,边防战士背着制氧机,徒步巡逻在高原上,十分艰苦(见图 1-28)。无人机的无人值守将带来极大的优势。

图 1-28　边境巡逻

2. 森林防火

全球森林覆盖率平均 32%,火灾频发,2019 年亚马孙森林火灾,2020 年澳大利亚山火,地球之肺受到严重损害。中国的森林覆盖率也达 16%,有 150 万平方千米森林,大兴安岭就有 25 万平方千米。2018 年大兴安岭火灾,2019 年四川凉山火灾,都付出巨大的代价。目前,护林的手段仍然是人工巡护,每一千米需要一个护林工。这些都需要高科技手段。无人机因无人的优势,非常适合承担此任务(见图 1-29)。

图 1-29　森林防火

3. 气象及大气研究

无人机还可以应用于大气数据采集、人工影响天气、气象监测等方面。通过携带气象探测传感器可以采集风、压、湿、热等大气数据,为气象研究与天气预报提供数据;携带人工增雨剂或其它影响天气的设备,可以实现人工增雨,达到人工影响天气的目的;携带图像传感器可以对灾害天气进行实时监测(见图 1-30)。

图 1-30 气象无人机

4. 地理地质应用

无人机使用常规数字摄影测量系统,可应用于地形地貌监测与绘制、地图更新、地理信息采集等方面。通过携带激光测距仪、激光扫描成像设备、图像传感器或光谱成像仪等设备,可实现对地形地貌的动态监测,提供最新地理、地质与地图信息(见图 1-31)。

图 1-31 立体测绘

5. 灾害、海洋和陆地环境监测

无人机可应用于火灾、水灾、地震等灾害的预报与监测以及海洋和陆地环境监测。携带红外或图像传感器,对火灾、水灾和地震等自然灾害进行实时监测,为抗灾、减灾和灾害预报提供实时信息(见图 1-32~图 1-34)。

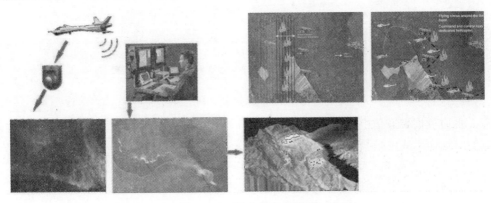

图 1-32 无人机灾害监测

图 1-33　赤潮、溢油监测

图 1-34　环境调查、污染源监测、环境评估

6.电力、交通、水利、公安、边防、海关等方面的应用

无人机通过携带红外或图像传感器,可以对高压电力线路、大型电站、变电所周边情况进行巡视与监测(见图 1-35);对交通状态和公路进行实时路况监视和巡视(见图 1-36);完成水源监视、冰凌预报、灌溉监测等(见图 1-37),边境巡视以及防恐反恐、缉毒、反走私等工作(见图 1-38)。

图 1-35　电力线路巡视、电站与变电所监视

7.通信应用

无人机通过携带通信中继或无线电监测设备,应用于通信中继、无线电监测等方面实现通信中继和对地面无线电信号监测(见图 1-39)。

8.石油监测、科学研究、生态监护、应急救援等应用

大量的油田监测、输油输气管线巡视、油田勘探,极地科考、火山监测、海洋物理研究、气象研究、地球物理研究等都需要高科技手段。生态保护方面,全国自然保护区 142 万平方千米,

仅羌塘就有 29 万平方千米,可可西里 5 万平方千米,全靠 76 个保护站的人力巡视。此外,现在是一个信息化社会的年代,但我们的手机信号全部来源于地基站,一旦灾害发生,基站倒塌,老百姓的手机就会全部瘫痪。用无人机来代替倒塌的地基站,是应急救灾的迫切要求(见图 1-40)。

图 1-36　交通状态实时监视、公路巡视

图 1-37　水利监测和基于多光谱影像水质评价

图 1-38　边境巡视、防恐反恐、缉毒、反走私

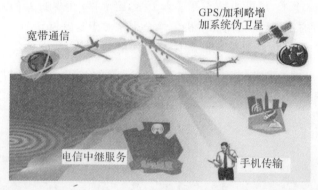

图 1-39　无人机通信中继

（a）　　　　　　　　　　　　　　　（b）

（c）　　　　　　　　　　　　　　　（d）

图 1-40　无人机在石油、极地考察、生态、应急通信的应用

（a）油田勘探；　（b）极地考察；　（c）生态监测；　（d）应急通信

9. 智慧农、林、牧、副、渔

农林牧副渔行业的农药喷洒，植物、动物、生物生长状态的无线数据采集等，都可以采用无人机进行空中无接触式工作（见图 1-41）。

10. 民生的日常需求

网购已成为我们生活的一部分，货运和快递成为现代社会重要的运输业。无人机作为无人驾驶快速运输平台也是理想工具之一（见图 1-42）。

日常生活中，我们也常遇突发疾病的情况，但不能及时送达医院，现场需要医药和设备（见图 1-43）。另外，在边远地区、乡村郊野、高速公路等地方也常遇突发意外情况，需要救护，这些都可以由无人机来承担（见图 1-44）。

图 1-41　无人机在农、林、牧、渔的应用

图 1-42　货运和快递无人机

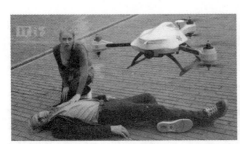

图 1-43　医药无人机

图 1-44　救护无人机

1.1.3 未来无人飞行器将要承担的角色

无人机因为去除了人的因素,让设计有了无限的空间,例如,持久飞行的太阳能无人机可以理解为让能源飞(见图1-45);1 h内实现全球打击的SR-72高超音速无人侦察机,让所有飞机、导弹望尘莫及,就是让武器飞(见图1-46);网络中心战概念下的无人飞行平台,载荷即飞机,飞机即载荷,就是让载荷飞(见图1-47)。无人机的世界变得很疯狂。

图1-45 太阳能无人机

 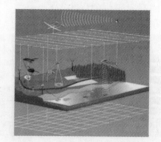

图1-46 SR-72高超音速无人侦察机　　　　图1-47 网络中心战无人机

目前,无人机的内涵也已经有了很大的外延。当无人机走向太空就是太空机器人(见图1-48),当无人机走向深海时,就是无人航行器(见图1-49),当无人机走进千家万户时,就是消费级无人机或无人服务器(见图1-50),当无人机成群结队地工作时,就是群无人机(见图1-51)。

图1-48 太空机器人

未来的无人机将成为无人化作战、零伤亡战争的主角,是网络化战争的主体,将实现云制导、云打击,彻底改变战争的打法方式,也必定是各国国防实力的体现。

无人机也将使社会发生变化!就如同现在的手机和网络一样改变社会,形成无人机社会学。

图 1-49 无人航行器

图 1-50 消费级无人机

图 1-51 群无人机

1.2 无人机的特点与优势

作为一种飞行器,无人驾驶飞机与有人驾驶飞机(以下简称"有人机")有许多的不同,包括使用和功能上的差别,而造成这些差别的根本因素就是"人"。无"飞行员"是无人机系统的主要特征,正是这一特征,使得利用无人机完成任务时,无须考虑飞行员的生命安全问题,更不必考虑任务的危险性。这不仅大大放宽了对无人机的设计和使用要求,而且使得无人机比有人机更加适合执行那些存在着各类危险、人力无法承受或企及的任务,也使得无人机在军事和民用领域都有着广泛的应用空间。

1.2.1 "无人驾驶"的优势

无人机系统的"无人驾驶"特性,造就了无人机使用上的特殊优越性。对于任何一种无人机来说,都具备以下两方面的突出优势:

(1)无人员伤亡担忧,可以毫无顾忌地执行各种危险任务。战场侦察,尤其是对敌纵深目标的侦察,对于有人机来说,历来都是一项十分危险的任务。这种危险不仅来自于飞行员的生命受到威胁,而且,一旦有人驾驶侦察机的飞行员被敌方俘虏或扣留,就必然会引起政治和外交上很大的麻烦。

(2)性能优越,可以长时间持续飞行。由于不需要考虑飞行员的生理承受能力等因素,所以无人机的尺寸、过载、飞行高度、飞行时间等完全是依据任务需要来设计的,因而可以在隐蔽性、灵活性、机动性、超长续航等方面做得更加出色。

1.2.2 "无人作战"的优势

无人作战飞机的高端作战能力是以先进技术为支撑的,这使得无人作战飞机具备了传统无人机难以企及的技术优势:

(1)非常规气动布局造就优越的飞行性能。无人机去除了人的约束,在气动布局形式上可以有很大的自由度,因而可以在无人机领域看到各式奇特的布局外形。这些特殊布局将带来非凡的气动性能,第2章介绍的无人机的形与美,描述了形形色色的无人机的特点和作用。

(2)自主控制技术使任务艰巨的自主飞行能力更强。自主飞行能力是指无人机不依赖外界指令和设备支持,在不确定的环境中仅依靠自身的机载设备保证飞行安全,甚至完成任务飞行的能力,包括自主的态势感知、自主的威胁规避、自主的航线规划、自主的行为决策等多种能力,使无人作战飞机能够在数据链丢失、被干扰诱骗、进入无外部信息支援的陌生环境等情况时,能够依靠自主控制能力自动生成任务航线,自主完成任务。自主控制能力是无人作战飞机未来发展的主要方向,也是无人机发展水平的重要指标。这也是本书后续章节要专题介绍的的内容。

(3)自主的载荷与作战管理技术使无人作战飞机具备卓越的作战能力。无人作战飞机的任务载荷包括传感器和机载武器两大部分。传感器载荷主要包括光/电/红外/合成孔径雷达、摄像机等,用于执行侦察、搜索、跟踪及毁伤评估等任务。机载武器将主要是小型化的制导炸弹、精确制导导弹,或在研的定向能武器。通过自主的载荷与作战管理技术,无人作战飞机可以根据任务要求,自主完成对目标区的搜索侦察和目标筛选,辅助攻击决策和信息传输,并根据攻击指令自主完成目标瞄准、武器投放、攻击引导和毁伤评估,从而大大提高自身的作战能力。

1.3 无人机发展的阶段特征

回顾无人机的发展历程,从1917年成功研制世界上第一架无人机开始,无人机的发展大致经历了从靶机起步,到作为侦察机、诱饵机等初步参战,再到今天的类型繁多、功能全面、成体系迅速崛起,以及面向空天快速发展的五个阶段。

1. 靶机起步阶段(1917—1963年)

20世纪30年代,为防空训练的需求,提出了无人靶机的概念,较长一段时期内,无人机基本上是靶机的一种别称。无人靶机的发展带动了遥控遥测技术、飞行控制与导引技术、发射回收技术、小型发动机技术等无人机关键技术的发展,为无人机功能和应用领域的进一步拓展奠定了基础。靶机一直是无人机领域一款活跃的对象,随着武器装备的发展,靶机的性能要求越来越高,但同时它的重要因素成本不能高,这就带来靶机研制的难度并不低。

2. 战场初试阶段(1964—1990年)

这个阶段持续了20多年,自第二次世界大战后,随着计算机技术的不断进步,各国尝试在靶机上换装一些测量装置,使其具有战场侦察、目标探测的能力,并开始应用于实战场景,期间从简单的照相侦察,到情报、监视与侦察,有了很大的跨越。

3.快速发展阶段(1991—2009 年)

20 世纪 90 年代以后,无人机的军事价值逐渐被各国军方深刻认识,特别是在海湾战争之后,人们认识到利用无人机在战时执行侦察、干扰、欺骗、电子支持等任务是非常有效的,不仅可以大大降低人员损失的风险,而且作战成本比有人驾驶飞机低得多。无人机在军事上拥有了完全不可缺少的地位。

4.空天一体阶段(2010—2014 年)

随着空天飞行器的出现,世界进入信息化空天时代。这一时代的特征是,之前相互独立运行的空中力量、空间力量和信息力量,开始高度融合,形成新的具有更强能力的信息化空天力量。通过空、天和信息三者的相互支撑,互为依存,使各自能力大大增强,系统能力跨越式发展。

5.军民融合阶段(2015 年之后)

无人机的发展让广大的民用市场看到了应用前景,作为空中飞行机器,解决了人员到达不了,枯燥危险等诸多问题,随着人工智能的引入,未来无人机的市场是一个军民融合的市场,从人才共享、配件共享、服务共享等方面,形成新的局面。这也是未来很长一段时间,无人机发展的方向和市场所在。

1.4　无人机系统组成

一般无人机系统由以下六部分组成(见图 1-52)。

1.无人机平台分系统

无人机分系统是执行任务的载体,它携带遥控遥测设备和任务设备,飞行至目标区域完成要求的任务。无人机平台分系统包括机体、动力装置、飞行控制与管理设备等。

2.任务载荷分系统

任务载荷分系统完成要求的侦察、校射、电子对抗、通信中继、对目标的攻击和供靶等任务。它包括战场侦察校射设备、电子对抗设备、通信中继设备、攻击任务设备、电子技术侦察设备、核生化探测设备、战场测量设备以及靶标设备等。

3.测控与信息传输分系统

测控与信息传输分系统通过上行信道,实现对无人机的遥控;通过下行信道,完成对无人机状态参数的遥测,并传回侦察获取的情报信息。测控与信息传输分系统包括无线电遥控/遥测设备、信息传输设备和中继转发设备等。

4.指挥控制分系统

指挥控制分系统完成指挥、作战计划制定、任务数据加载、无人机地面和空中工作状态监视和操纵控制,以及飞行参数和情报数据记录等任务设备。指挥控制分系统包括飞行操纵与管理设备、综合显示设备、地图与飞行航迹显示设备、任务规划设备、记录与回放设备、情报处理与通信设备、与其它情报和通信信息接口等。

5.发射与回收分系统

发射与回收分系统完成无人机的发射(起飞)和回收(着陆)任务。它包括与发射(起飞)和回收(着陆)有关的设备或装置,如发射车、发射箱、助推器、起落架、回收伞和拦阻网等。

6.保障与维修分系统

保障与维修分系统主要完成系统的日常维护,以及无人机的状态测试和维修等任务。保障与维修分系统包括基层级和基地级保障维修设备等。

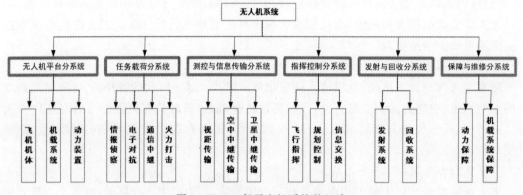

图1-52　一般无人机系统的组成

1.5　无人机系统的分类

据保守估计,目前世界各国工业界和各种研究机构制造、研发的无人机有上百种之多。随着无人机技术的发展,已形成了高空、中空和低空,远程、中程和近程,大型、中型和小型,战略、战术,侦察监视、电子对抗、攻击作战等多层面、多梯次搭配的无人机系统。其起飞质量从数千克到上千千克,航程从数千米到数千千米,航时从数十分钟到数十小时甚至数月数年,速度从数十千米/小时到超声速、高超声速。

正是由于世界无人机装备的很快发展,而且无人机的平台特性、飞行特性、任务特性、使用管理要求等方面的差别很大,无人机的分类研究已显得非常重要。研究无人机的分类主要有三个方面的作用:一是指导无人机系统的发展和管理;二是编写各类无人机系统的设计规范或标准,对于不同类型的无人机系统,其设计规范和要求应是不同的;三是便于无人机装备全寿命周期的管理。

传统的无人机系统分类方法中有按质量、大小分类的,也有按照航程、航时分类的,或是按照用途、飞行方式、飞行速度等分类的。本书将已有的各种分类方法整理、归纳如下,并初步分析每种分类方法的局限。

1.按照用途分类

按照无人机所能担负的任务或功用分类,是一种最容易理解的分类。根据无人机所能承担的任务,可将无人机分为靶机、无人侦察机、通信中继无人机、诱饵(假目标)无人机、火炮校射无人机、反辐射无人机、电子干扰无人机、对地攻击无人机、对空作战无人机等。这种分类方法突出的是无人机的任务特性。但对于很多无人机装备来说,往往存在着利用相同的无人机平台搭载不同任务载荷而成为另一种无人机的情况。

2.按照飞行平台的大小及质量分类

按照飞行平台的大小及质量可以将无人机分为大型、中型、小型和微型无人机。其中,起飞质量 500kg 以上的称为大型无人机,200~500kg 之间的称为中型无人机,小于 200kg 的称为小型无人机。这种分类的最大局限在于难以适应无人机装备的最新发展。随着现代无人机技术的快速发展,一些大型无人机的起飞质量已达数吨以上,而一些仍被视作中小型战术无人机的起飞质量也突破了 500kg 的限制。另外,对于微型无人机,美国国防高级研究计划局的定义是翼展在 15cm 以下的无人机。微型无人机的诞生引发了一系列关于微型无人机飞行机理、自主控制、制导导航、任务载荷以及作战使用等方面的新问题。

3.按航程分类

按照无人机的飞行航程可将无人机分为近程、短程、中程和远程无人机等。近程无人机一般指在低空工作,航程 5~50km 的无人机,航时一般为 1h 左右;短程无人机航程一般为 50~200km;中程无人机航程为 200~800km;远程无人机的航程则要大于 800km。另外,美军把航程在 5~15km 的一类低成本无人机称为"低成本近程无人机"。这种分类的最大局限在于界限模糊,特别是随着无人机技术的快速发展,无人机的航程在普遍提高,以至于"近程"和"短程"的概念正逐渐变得模糊。

4.按飞行高度分类

按照飞行高度可将无人机分为超低空、低空、中空、高空、超高空无人机。其中,飞行高度在 100m 以下的为超低空无人机,飞行高度在 100~3 000m 之间的为低空无人机,飞行高度在 3 000~13 000m之间的为中空无人机,飞行高度在 13 000~20 000m 之间的为高空无人机,升限达到 20 000m 以上则为临近空间无人机。这种分类的局限也在于不能较好地反映无人机在使用方面的特性要求。

5.按飞行原理分类

按照无人机的飞行原理可将无人机分为固定翼无人机、旋翼无人机、旋/固耦合无人机、扑翼无人机和动力飞艇。其中的新概念是"扑翼无人机",它是像昆虫和鸟一样通过拍打、扑动机翼来产生升力以进行飞行的一种飞行器,更适合于微小型飞行器。这种分类的局限主要在于仅突出了平台的飞行原理,而不能反映使用方面的特性要求。

6.其它分类方法

(1)战略无人机。战略无人机是指用来执行战略任务的大型远程无人机。它是战略侦察和武器投放的主要载体。就目前无人机的发展来说,高空长航时无人机、临近空间无人机和空天无人机可以称为战略无人机。高空长航时无人机飞行时间长、监视范围广,可以在防区外昼夜持续地对目标区域进行侦察监视,安全性高,而且这种"凝视"侦察监视能力使目标区内任何军事行动或变化很难不被发现。需要说明的是,随着信息化战争的发展,战略、战术的界限正变得模糊,反映在无人机上,就是战略无人机也往往执行战术任务。

(2)战术无人机。能够用于完成各类战术任务的无人机称为战术无人机。战术无人机的范围十分广泛,可以说,除战略无人机外的各种军用无人机均是战术无人机,包括固定翼和旋翼等多种类型的无人机。

(3)无人作战飞机。能够重复使用、可在对抗环境下执行高强度火力打击或空战任务的无人机,称为无人作战飞机。无人机直接用于作战的有两种:①以自身作为战斗部杀伤敌目标的自杀型无人攻击机;②携带武器并可反复使用的无人机。前者以反辐射无人机为主,一般在无人机上加装被动雷达导引头和引信、战斗部等,可在敌方上空巡航待机,一旦发现目标即可实施垂直向下的自杀式攻击。能携带武器并可反复使用的无人机又可分为两类:①只能在低威胁环境下实施对地打击,这类无人机虽然能够直接进行火力打击,但不能称为真正意义上的"对抗作战机";②能在高对抗环境下执行攻击作战任务的无人机,这类无人机就是我们通常理解的无人作战飞机,它又可以细分为对地攻击无人机和制空作战无人机。

1.6 未来无人飞行器所需技术

1.飞行器设计技术

面对高度威胁环境和使用环境,综合总体、气动、控制、结构、隐身、大载荷量、起降方式等的布局将"进化"为一种特殊布局形式(见图1-53)。

图1-53 特殊布局无人机

2.空气动力学设计技术

许多高空或高速无人机,升阻比极高,飞行区域的空气密度也很低,需要采用非常规的空气动力学设计技术(见图1-54)。

3.动力、能源技术

无人机"高、快、久、远"的追求,必须采用高效率的动力技术。开发新型高效能源,如航空重油和太阳能动力等,进一步发展推力矢量和复合动力技术(见图1-55)。

4.新材料、新工艺技术

随着无人机的飞行高度和速度的提高,无人机结构耐高温、抗辐射的能力需要提高,需要抗紫外线、轻质、耐高温等新型复合材料(见图1-56)。

5.微型飞行器技术

微型无人机通常采用无舵面柔性机翼,需要微型加工装配技术、智能材料的应用,以及微型仿生技术(见图1-57)。

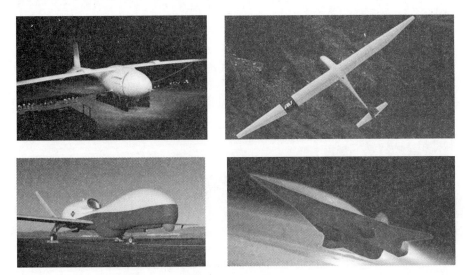

图 1-54　高空无人机

图 1-55　动力能源

图 1-56　无人机的新型材料应用

图 1-57　微型飞行器

6.通信技术

宽带、大数据流量的数据链技术可以使无人机远距离快速传输信息,实施超视距控制,是发展无人战斗机和信息无人机的关键技术。但数据流的保密和光通信是其关键技术(见图1-58)。

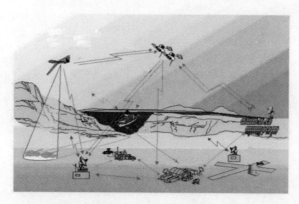

图 1-58　无人机通信

7. 智能控制技术

现代战场自主程度日益突出,战场态势感知、指挥/控制、集中后勤;无人机互通、互联、互操作;自主控制、自主决策等需要智能控制技术(见图1-59)。

图1-59 信息中心战

8. 适航和空域管理

无人机将和有人机、其它无人机同空域,需要满足适航要求,也需服从空域管理条例(见图1-60)。

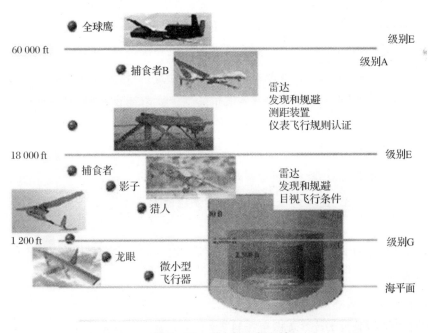

图1-60 无人机飞行空域

(1ft≈30.48cm)

第2章 无人飞行器的形与美

2.1 设计什么样子的飞机

人们常说,好看的飞机不一定是性能良好的飞机,而好飞机一定是漂亮的。飞机的样子专业的说法是总体型式即构型(Configuration)。构型设计包括动力装置(主要是发动机)的选择、气动外形的设计、承载结构的设计、使用载荷和设备的装载与布置。无人机没有机载飞行员,是利用地面站,通过无线数据链来遥控的飞行器。在设计一种新的飞机时,几乎总要遇到如何选择其总体型式的问题。这实际上就是飞机创意设计阶段的开始,完全用解析和数字的方法来选择飞机的构型是不可能的。但是在已有的飞机和准备采用的设计方案的范围内,通过评价准则和满足给定的设计要求及战术技术要求的分析,可以建立起一定形式的求解最优方案的方法。虽然气动外形从根本上决定着飞机的性能要求能否实现,但是进行飞机总体型式的选择不只是考虑气动外形,考虑的因素很多,一般应包括以下几方面:

(1)选择与机翼气动力配平方式,保证能够稳定飞行。

(2)选择使用设备及有效装载的布置型式。

(3)选择主要飞行状态(巡航状态)的气动升力系统的型式和起飞-着陆状态及其它飞行状态的增升装置的型式。

(4)选择动力装置的型式(发动机或推进装置的型别、数量、在飞机上的布局,以及燃油和进排气系统的布局)。

(5)选择起落装置(起落架)的型式。

(6)选择飞机结构受力系统并考虑生产制造。

(7)选择为了满足技术要求和设计要求所必需的飞行控制系统与遥测方式。

(8)选择为满足加工和使用维护要求的工艺分离面和设计分离面。

所有各种各样的构型在一定程度上都可能是可行的设计方案。表2-1中列出了我国各种功能和各种飞行速度、飞行高度的无人机总体构型。表2-2中介绍了美国用于侦察无人机从大到小、从高到低的各种总体构型。

表 2 - 1　我国各类无人机的构型

型　号	性　能	型　号	性　能
长空一号 	最大起飞质量:2 500kg 最大飞行速度:920km/h 最大航程:900km	长虹一号(无侦-5) 	最大起飞质量:1 700kg 最大飞行速度:800km/h 最大航程:2 500km
ASN - 106 	最大起飞质量:140kg 最大飞行速度:170km/h 最大航程:300km	ASN - 206 	最大起飞质量:222kg 最大飞行速度:210km/h 最大航程:150km
WZ - 2000 	最大起飞质量:1700kg 续航时间:5h	BZK - 005(长鹰) 	最大起飞质量:1 250kg 最大升限:8 000km
翼龙-Ⅰ 	最大起飞质量:1 200kg 最大飞行速度:280km/h 最大航程:4 000km	翼龙-Ⅱ 	最大起飞质量:4 200kg 最大飞行速度:370km/h 续航时间:20h
翔龙 	最大起飞质量:6 800kg 最大飞行速度:700km/h 最高升限:2 000km	利剑 	最大起飞质量:13 000kg 续航时间:15h
彩虹系列 	同翼龙系列	云影 	最大飞行速度:620km/h

表 2-2 美国侦察无人机的分类与构型

分类	型号		数量/架	翼展/m	最大起飞质量/kg	最高巡航速度/(km·h⁻¹)	最大飞行高度/m	续航/h
高空远程	RQ-4 多球鹰		35	39.9	14 628(净重)	629/575	18 000	大于32
	EQ-4B	同"多球鹰"	3	39.9	14 628(净重)	629/575	18 000	大于32
	RQ-170 哨兵		10	20	3 856	760/650	15 000	
中高空	MQ-8B 火力侦察兵		20	8.4	1 430	213/200	6 100	8
	MQ-8C 火力侦察兵		16	11.2	2 721	260(最高)	6 100	15
中空	RQ-21A 黑杰克		40	4.9	61	138/101	5 900	16
	RQ-2B 先锋		35	5.2	205(净重)	200/120	4 600	5
小型	RQ-11 乌鸦		7 332	1.37	1.9	30(巡航)	小于400	1.5

续表

分 类	型 号	数量/架	翼展/m	最大起飞质量/kg	最高巡航速度/(km·h⁻¹)	最大飞行高度/m	续航/h
小型	RQ-16 雷鹰	306		8.39	130	小于1 000	0.67
	RQ-20 美洲狮	1 137	2.8	5.9	83/37	小于400	2
微型	黑色 大黄蜂	540		$16×10^{-3}$	35(最高)	小于400	0.5

　　总体型式的最终选择,必须在对一系列候选构型形式逐个进行优化的基础上进行,并且随后要对所选方案进行全面的(解析的和非解析的)分析。选择飞机总体型式最优方案的准则只能是某一综合的目标准则。例如,多数飞机可以用其起飞质量作为评价准则(目标函数),而满足其战术技术要求和设计要求的飞行技术性能则作为约束条件。这样,飞机总体型式的最佳方案将是在某些相同的情况下,起飞质量最小的方案。

　　(1)质量重心关系到飞行的稳定性,一般把燃油重心、装载重心和空机重心安置在同一纵向位置上。限制飞行中重心的移动范围会减少对配平能力的要求,机翼、机身和尾翼的形状和位置可以高效地配置。

　　(2)选择漂亮的流线型外形时,应使它的巡航阻力最小。这项要求意味着在选择机翼、机身形状时,应避免飞行时阻力随速度增加得过快。

　　(3)后掠角、翼型类型和翼型相对厚度决定的机翼临界马赫数应该总是低于安定面或操纵面的临界马赫数。

　　(4)连接主要部件时,例如机翼上的短舱、机身上的短舱和机身上的机翼等等,光滑过渡外形使部件干扰阻力最小。

　　(5)对要求做超声速巡航和超声速机动的无人作战飞机,激波阻力是一个主要的考虑因素。

　　(6)安排主要结构部件时应尽量使用同一个加强结构。

　　(7)在安排飞机主要部件的位置时,要考虑质量、结构的复杂程度、是否容易制造、是否容易维修和成本的高低。

　　现代的无人机布局的选择经常是从现有的布局出发,配置不同的发动机或不同的任务载荷,形成不同的总体构型,在一些大的无人机公司尤其如此。例如,美国的RQ-7"影子"轻型侦察、RQ-2"先锋"战术侦察和我国ASN系列无人机等。这些无人机的机身断面和机体形状都相同。RQ-1"捕食者"无人机是美国通用原子公司生产的中空、长续航时无人机,后续发展成 RQ-1B、MQ-9 和 MQ-9A 三种察打一体无人机型号,进而诺斯洛普·格鲁门公司研发的 RQ-4"全球鹰"高空长航时无人机也是这样(见图 2-1)。在发展一种新的飞机布局时,提出的经常是经过大量权衡研究后的结果。权衡研究由不同的设计小组进行,以给出一个符合任务要求的最经济的方案。在一些大公司里,有两个或更多的小组为同一个任务目标工作,而每一个小组都遵循一个不同的构型方案。

图 2-1 同一种布局(V 形尾翼)三种构型(A、B、C)的捕食者无人机

2.2 无人机构型形式

无人机作为飞机中独特的一族,千奇百怪,几乎覆盖各类航空飞行器。它们的构型有的以发动机的类型而定,有的根据其使用方式而定,有的利用仿生飞行的机理而定,有的利用大自然的能量而定……不过,无论是什么样的构型形式,我们可以把它总结成以下两种形式:一种是低速大展弦比无人机(见图 2-2),有时把这类无人机称为中空、高空长航时无人机,甚至飞行高度达到临近空间;一种是高速小展弦比无人机(见图 2-3),更多的这种构型无人机是替代有人战斗机的无人作战飞机。

图 2-2 低速大展弦比无人机

2.2.1 低速小型类的无人机

对于相当典型的各种类似于航模的无人机布局形式具有以下特性:

(1)这些无人机从比较简易、性能一般到比较复杂、性能较高,包含的范围很广。

(2)除了个别无人机外,大部分都是常规布局(见图 2-4)。

(3)对一些航模爱好者来说,能把无人机存放在家里或汽车里是必要的。有时这就需要具有机翼折叠装置。对于这类无人机,前三点(tri-cycle)式或后三点(tail-dragging)式起落架设计是没有多大区别的。这两种形式都有了广泛的应用,而且大多都采用了固定式起落架,因为它价格低、结构简单。

(4)航模类无人机中,有拉进式和后推式电机或活塞螺旋桨推进装置(见图2-5)。

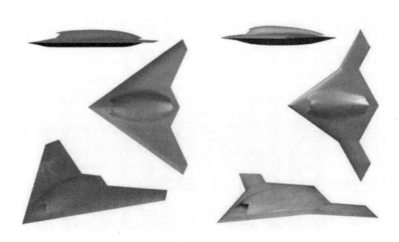

图2-3 高速小展弦比无人机

(5)一般这类无人机的机翼都是悬臂式。

(6)由于个人的爱好不同,可选用的制作无人机的材料不同,机翼的平面图也是各种各样的(见图2-6)。从双翼到单翼,从无尖削比的直机翼到椭圆翼,无所不包。制造的成本和工时是制造者考虑的重要因素。如果一个手工者想设计一个高效率的椭圆机翼,他就必须花费相应的时间。

(7)传统设计当中很多人优先选择下单翼设计。这是希望把起落架和机翼连在一起,并且使起落架尽可能地短或者不用起落架。

(8)为便于高频率重复使用,这些无人机构型上要有抗坠毁能力。

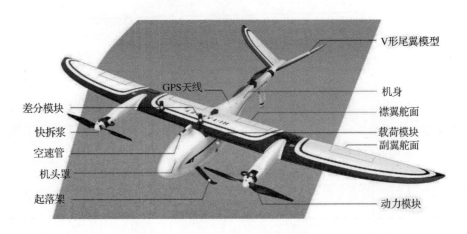

图2-4 典型小型无人机构型的布局

图 2-5　航模类无人机

图 2-6　军用各种低速构型无人机

2.2.2　单发螺旋桨式无人机

典型的单发螺旋桨式无人机的布局形式有下述特性：

（1）这类飞机中有下单翼、上单翼、双尾撑式机翼或悬臂式机翼。

（2）多数推进装置布局都是推进式（见图 2-7）。

图 2-7　双尾撑推进式 RQ-2"先锋"无人机

（3）这类无人机水平尾翼的垂直位置：少数是 T 形尾翼或 V 形尾翼，多数水平尾翼都安装在垂直尾翼的端部或根部。

（4）这类无人机水平尾翼的纵向安置。有些飞机的水平尾翼放在方向舵铰链线的后面。这是为了在无人机失速和即将进入尾旋时，不使方向舵处于已分离的平尾尾迹中。这类无人机中只有少量的起落架可收放。一个可收放的起落架减少了巡航时的阻力，但也增加了成本（包括制造成本和维护成本）。装有可收放起落架的这类无人机飞行操作员在着陆时操控较为复杂。

(5)这类无人机垂直尾翼一般要带后掠(见图 2-8)。小后掠能改善尾翼的力矩、力臂和升力线斜率,以提高垂直尾翼的效率,同时垂直尾翼带后掠也是一种习惯风格。

图 2-8　无人机弹射起飞

2.2.3　双发螺旋桨式无人机

对于相当典型的各种双发螺旋桨式无人机的布局形式有下述特性:

(1)这类无人机一般认为是具有大型运载能力的螺旋桨式重型无人机(见图 2-9)。

图 2-9　大型的双螺旋桨货运无人机

(2)这类无人机中有的是上单翼,有的为下单翼(见图 2-10)。

(3)这类无人机采用纯推进式构型很少,也有牵引/推进混合式的,要使发动机推力在飞机中心线上。显然,在一台发动机失效的情况下,操纵这种飞机会更容易一些。在常规双发螺旋桨式无人机的设计中,发动机失效是一个很重要的问题。

(4)有些无人机的平尾直接安装在螺旋桨的滑流中。这样做使得调节发动机推力就可控制飞机。尽管这样做带来好处,但对于功率载荷较低的飞机,螺旋桨的滑流会造成严重的尾翼疲劳问题。

(5)在确定平尾位置之前应考虑的另外一个因素是无人机在漂摆状态下的操纵性。在以低功率进场时,飞机处于干净外形状态,突然增加发动机功率会急剧增加所需的操纵能力,尾翼载荷会变得很大。如果平尾不在螺旋桨的滑流中,就不会存在这个问题。解决这个问题的办法有时是增加平尾的几何安装角。

(6)这类无人机的起落架有些可收放。而绝大部分是收入机身,这并不是最好的解决方案。从质量与配平的角度出发,收入式起落架与发动机共用的短舱是最好的选择。

图 2-10　美军 MQ-5B"猎人"无人机

(7)除了个别无人机,大部分无人机的主起落架都是单轮。

(8)有些无人机设计了边缘很尖的背鳍,这不仅增加了外形的流线,也有助于增加航向稳定性。

(9)各种无人机采用的机翼吊舱方案都不一样。下单翼无人机带来的一个问题是螺旋桨与地面之间的距离决定了吊舱的位置。

(10)对于双尾撑、悬臂推进式构型的飞机,后部螺旋桨的失效可能会造成一个尾翼尾撑的结构失效。

(11)许多无人机的吊舱后部都设有货物或设备舱。

2.2.4　涡轮螺旋桨式无人机

涡轮螺旋桨式动力系统是未来低速无人机动力装置的发展趋势,其原因是涡轮螺旋桨发动机本身比活塞螺旋桨发动机具有更低的耗油率和更高的可靠性。目前,涡轮螺旋桨发动机市场占有率较低主要其成本较高。最早 RQ-1"捕食者"无人机采用活塞螺旋桨推进,但到了美国 MQ-9"收割者""捕食者 B"无人机则采用的是涡轮螺旋桨发动机(见图 2-11),不但提高了速度,还使续航时间达 42h。除了速度提高、留空时间加长,其尺寸加大、挂载武器更多。

典型的涡轮螺旋桨式无人机的构型形式有以下特点:

(1)这些飞机中有上单翼和下单翼。

(2)只有少数为外撑式机翼,其它的都为悬臂式机翼。对于以巡航为主的飞机,外撑式机翼虽然能够减轻质量,却会增加太多的阻力。

(3)这些无人机中有些采用了 V 形尾翼布局,也有双垂尾布局,多数是常规平尾与垂尾。从操纵品质与平尾疲劳的角度,平尾与螺旋桨滑流的相对位置十分重要。

(4)这些无人机都有机身短舱,除了天线、设备短舱,还有发动机进气短舱或起落架短舱。从干扰阻力与诱导阻力的角度,机身/短舱一体化十分重要。螺旋桨与地面的距离和相关的起落架长度在决定机身/短舱一体化的方式上起很大作用。

(5)绝大多数起落架收入机身。其中个别上单翼飞机使用了水泡型整流罩以收放起落架,也有将起落架直接收入机翼的布局。起落架的收放在涡轮螺旋桨式无人机设计中是个很重要的问题。采用水泡型整流罩是未来的趋势,它能减短起落架支柱的长度,从而减轻了质量。将起落架直接收入机翼存在着潜在的问题:它经常要打断主要的承力结构,而这也会增加机翼结构的质量。

图 2-11　美国 MQ-9"收割者""捕食者 B"无人机,采用的是涡轮螺旋桨发动机

2.2.5　喷气式无人机

随着对无人机飞行速度的要求不断提高,喷气式发动机开始被更多地采用,这类无人机多数是高亚音速飞行。

典型的喷气式无人机的构型形式有下述特点:

(1)这些无人机中的发动机多数是单发,也有双发的。

(2)绝大多数无人机的发动机都安装在后机身的短舱内。

(3)早期的喷气式无人机油箱都在机身里。这主要是因为早期喷气式无人机尺寸小、机翼薄。

(4)在喷气式无人机上较多使用了翼尖小翼以减小诱导阻力。

(5)为获得更高的亚声速性能,最新的喷气式无人机的设计师们选择使用所谓的超临界机翼。

(6)所有喷气式无人机的起落架均收入机翼或机身与机翼的结合部。

(7)绝大部分的喷气式无人机都使用下单翼。

(8)多数喷气式无人机采用了 V 形尾翼布局以及涡扇喷气发动机(见图 2-12)。

图 2-12　美国 RQ-4"全球鹰"无人机,采用的是涡扇喷气发动机

(9)所有喷气式无人机的起落架都采用前三点式。

(10)有些喷气式无人机的机翼几乎不带后掠,这意味着高速无人机使用薄机翼,而低速飞机使用厚机翼。

(11)许多喷气式无人机都遵循机身/机翼综合布置,即机翼根部后缘转折。这种设计获得了可接受的阻力与厚的翼根空间,使得起落架的收藏不与襟翼与后翼梁布置发生矛盾,同时获得了很好的地面横向稳定性(主轮距较大)。

(12)对于飞行中的减速板,相当一部分无人机采用的是机翼上安装的扰流片。

2.2.6 无人战斗机

无人战斗机是一种全新的空中武器系统,无人作战飞机从过去主要是执行空中侦察、战场监视和战斗毁伤评估等任务的作战支援装备,升级成为能执行压制敌防空系统、对地攻击、对空作战的主要作战装备之一。现阶段主要功能是实施防空压制和纵深打击。与有人战斗机相比,无人战斗机具有以下述优点:

(1)因机上无驾驶员,无人战斗机能比有人战斗机做得尺寸更小、机动性更强、隐身性更好(见图2-13)。

(2)无人机不受驾驶员生理条件的限制,因此具有较大的使用包线,以及较长的续航时间。

(3)制造成本及寿命期费用低,维护人员少。

图2-13 无人战斗机与有人战斗机走向融合

图2-14 X-45C无人战斗机

典型无人战斗机的构型形式有以下特点:

(1)大多数无人战斗机采用单发或双发喷气发动机,下一代的战斗机将全面采用推力矢量。

(2)个别无人机是可变后掠翼。这样做在质量和成本上的代价很大,但可同时满足较高的超声速航程、亚声速航程和低速性能要求。

(3)大多数无人战斗机采用飞翼布局(见图2-14)。也有采用三角翼无尾布局,这样做能很好地满足高速攻击或巡航性能。

(4)有些采用鸭翼/三角翼布局。合理地布置鸭翼和三角翼的相对位置能获得很好的大迎角飞行性能。

(5)高速和高机动性战斗机的一个主要设计问题是在大迎角下获得足够的航向稳定性,一些设计师由此使用了双垂尾布局。

(6)采用背鳍和腹鳍,可以有效地解决飞行试验中出现的失速/尾旋问题。

(7)所有这些飞机的发动机都安装在机身内部。应尽量在翼根处或机身内有相对较大的进气道空间,使得气流流动畸变最小。对于单发布局同样面临进气道分叉、S 形管道问题,这类进气道与发动机之间有着严格的匹配关系,需在前期设计中给予足够重视。

(8)在机身内部的发动机进气道,设计时应考虑防止机身内脱落的零件被吸入发动机进气道的措施(见图 2-15)。

图 2-15　X-47B 无人舰载机

(9)对于无人轰炸机,为了布置又长又大的炸弹舱,而采用上单翼。

(10)对于无人空中加油/巡逻机都是由有人机发展而来(见图 2-16)。

图 2-16　无人/有人战斗机协同作战

(11)对于在高度、长度和宽度方面都有严格限制的舰载无人机,必须提高航向增稳能力,否则会导致需要更大的垂尾面积。

(12)所有超声速巡航飞机都有很大的后掠角,这使得它们在超声速巡航飞行时,机翼前缘还是亚声速的。超声速巡航的阻力主要来自于激波阻力,因此无人机沿机身方向截面积的分布变得至关重要。

(13)超声速巡航无人机的进气道布置也是一个关键问题。大多数飞机将其布置在机翼下非常靠后的地方,尽量减小对气动压力的影响。

(14)超声速巡航无人机巡航时的配平升阻比大致是 10 或 12,而对亚声速巡航的无人机而言,这个值为 20~30,这是一个速度与航行效率折中的问题(见图 2-17)。

图 2-17 下一代无人战斗机

2.2.7 水陆两栖无人机

水陆两栖飞机,兼有空中飞行器和水上船舶特性水陆两用(见图 2-18)。中国水域丰富,海岸线长,这类无人机可以轻松在水面上起降,不受机场限制,可在水面及陆地起降,无特殊机场及跑道要求,配备陆地及水面移动通信车适合在各种复杂环境中作业。

图 2-18 U650 大型水陆两栖无人机

典型的水陆两用无人机的构型形式有以下特点:

(1)这类飞机大都需要有一个较大的流线型的机体。这种需要导致了它比同类陆地飞机大得多的浸湿面积和型阻。另外,它又使得这些飞机具有了一项独一无二的能力——水上起降。

(2)这些无人机基本都是常规布局。

(3)设计水上无人机的一个主要技术难题是防止水喷射到发动机内部,因海水中的盐分对大多数金属都有腐蚀作用。一般推力作用线在飞机重心的上方。

(4)大部分水陆两用无人机都是前三点式布局。

(5)为了防止海水进入机体,水上无人机的起落架舱通常都是密封的。机体内部通常有很多隔离开的密封舱,这是为了防止机体局部损伤而导致整个飞机沉入海底。

2.3　特殊构型的无人机

在已有的飞行器当中有大量的所谓非常规构型形式的无人机,其中有些是布局形式非常规、有些是非传统的动力能源、有些是不同的飞行与控制方式。因此,进行没有先例的无人机设计,风险很大,但有可能获得性能异乎寻常的无人机。以下分别讨论几种非常规构型的无人机。

2.3.1　鸭翼和串联机翼式构型

世界上第一架飞机就是一种鸭翼飞机(见图 2-19),既是莱特兄弟的"飞行者"。而后来的鸭翼式飞机却非常少见,这是因为人们早期对鸭翼的气动特性了解得不多。采用鸭翼式布局有以下优点:

(1)鸭翼的最大配平升力系数比常规布局飞机大得多。

(2)通过合理安排鸭翼/机翼的相对位置,可以获得更好的配平升阻比。

设计鸭式布局的一个注意点是,鸭翼必须在机翼失速前失速。有些鸭式飞机的机翼根部有很大的后掠角,其优点为:

1)能够在靠近飞机重心处装载更多的燃油;

2)延迟机翼的失速。为了配平由机翼襟翼产生的负向俯仰力矩,有的飞机鸭翼也设计有很大的后掠角。合理布置动力装置使其推进飞机而不是牵引飞机,这已经变得越来越流行(见图 2-20)。推进式与牵引式相比,在俯仰和侧滑两个方面都有更好的稳定性,这样可带来小的尾翼面积。采用推进式的另一个好处是它能减小气流对传感器的影响。这在螺旋桨式飞机的设计中一直是一个主要问题。

图 2-19　"彩虹-3"鸭式侦察型无人机

图 2-20　鸭式反辐射攻击型无人机

串联机翼式布局其实与鸭式布局无太大区别。串联机翼式布局(见图 2-21)可能会带来的一些问题,在大迎角时动力会产生以下后果:

(1)前翼的升力增加。

(2)因为前翼造成的下洗,后翼升力会减小。

鸭翼和串联机翼式布局设计中的一个主要问题是,前翼对后翼造成的空气动力诱导效应(见图 2-22)。前翼造成的涡流系统对后翼产生影响的程度取决于以下几方面:

(1)机翼的相对面积和展长。

（2）机翼之间纵向和垂直方向上的距离。

（3）迎角。

鸭翼（或前翼）翼梢的涡流会对机翼翼展外向的气流造成上洗，而对机翼翼展内向的气流造成下洗。这会使机翼的诱导阻力特性变得很差，同时也会增加翼根处的弯矩。可以采取以下措施来解决上述问题：

（1）将鸭翼布置得尽可能靠前，并使其在机翼的下方。

（2）在相同的翼展站位上，使机翼的弯度和扭转角与鸭翼的相反。如果将机翼和鸭翼布置得很近，则可以利用鸭翼的气流洗增加机翼的升力，并减小其诱导阻力。

图 2-21 被誉为"单兵巡航导弹"的"弹簧刀"无人机前翼对后翼造成诱导效应

图 2-22 "珀耳狄克斯"微型蜂群无人机

2.3.2 连接机翼构型

与常规布局相比，连接机翼布局是双机翼翼端连接（见图 2-23），具有以下优点：

（1）因为提高了扭转和弯曲刚度，结构质量减小了。

（2）增强了直接升力和直接侧向力。

（3）减小了诱导阻力。

（4）减小了跨音速和超音速波阻。

（5）由于前机翼的翼尖和后机翼搭接，前掠后翼翼尖的气动弹性发散不再成为问题，大大简化了前掠的机翼的设计和制造。

（6）后掠翼翼根不仅承受向上的升力，还承受向后的阻力，搭接的上机翼正好顶住下机翼，使受力情况大大改善，有利于减重。

（7）后掠前机翼和前掠后机翼搭接后，全机在纵向上总的横截面积分布更加平顺，而没有后掠翼翼尖之后出现截面积剧减的不连续，还有利于降低跨声速阻力。

波音公司曾经提议过采用菱形翼的新型预警机的设计（见图 2 - 24），在前掠和后掠的四个机翼结构里分别安装相控阵雷达天线，分别向侧前、侧后凝视，既消除机背圆盘天线由于机身、机翼引起的盲点，又不增加阻力。菱形翼仍然是增升还是减阻、减重之间权衡的老问题。

图 2 - 23　高空高速连机翼无人机　　　　图 2 - 24　菱形翼构型适合于传感器无人机

2.3.3　翼身融合体构型

翼身融合体构型与常规布局相比有更高的配平升阻比和有效装载系数，由于没有了明显的尾翼，它们的操纵是通过数字飞行控制系统来实现的。由于机翼装载空间有限，将内翼与机身进行融合设计，使机身也产生一部分升力。这样做带来的一个问题是当机体是充压机舱时，整个机身结构会变得很重。翼身融合体构型能显著提升燃油效率、降低气动噪声，并且能和传统的圆筒机身－机翼设计一样在起飞、着陆和其它低速飞行包线段实施有效操纵。这种翼身融合的设计除了降噪外，还有"隐形特效"。由于消除了机翼与机身交接处的直角，飞机的雷达反射截面积也得以减小，有助于改善飞机的隐身性能（见图 2 - 25）。

图 2 - 25　翼身融合体构型验证机 X - 48B

2.3.4　垂直起降构型

何为垂直起降技术？其实就是飞机的起飞和降落可以在原地垂直进行，不再需要借助跑道，这一技术可以说是非常的实用，不仅减少了机场跑道设施需要消耗成本，更重要的是在战

场上,飞机随时可以起飞、降落,提高了飞机的生存率和出勤率。垂直起降固定翼有 3 种(见图 2-26):

(1)倾转旋翼无人机是在保证固定翼高速巡航的前提下,兼具旋翼无人机的垂直起降能力,起降受场地限制较小,有很高的灵活性。设计方案一般是双旋翼类型的倾转旋翼(也有采用涵道风扇的)(见图 2-27),即在机翼两端安装旋翼系统,内部通过涡轮发动机或电机来驱动旋翼系统,动力部分可以绕着机翼轴转动,当处于垂直起降模式时,发动机向上,过渡到固定翼模式飞行时,发动机向前倾转,提供固定翼水平向前动力。最典型的是美国贝尔公司基于 V22"鱼鹰"有人驾驶倾转旋翼机的基础开始研制"鹰眼"无人机,外形上类似于传统固定翼飞机,使用机翼两端的两旋翼结构实现无人机的垂直起降与固定翼巡航。但是双旋翼倾转旋翼在垂直起降模式下,由于螺旋桨位于机翼的翼尖上方,旋翼产生的下洗气流不仅降低了旋翼的有效升力,而且也会影响无人机的稳定性,增加了控制难度。此外,双旋翼的结构非常复杂,需要对螺旋桨进行机械变距实现垂直起降模式下的飞行器的稳定控制。

(2)尾座式垂直起降无人机外形上与普通固定翼无人机基本相同,只是起降为垂直状。无人机垂直升空后,控制翻转 90°,航行至终点,再翻转回来。

(3)多旋翼复合式固定翼构型来实现垂直起降的模式有着明显的缺点。在这种复合式构型中,由于飞行模式的不同,不可避免地会出现两种飞行构型不能够同时使用的现象。也就是说这款无人机在飞行时总有一些部件是多余的,这样就增加了额外的消耗,我们通常把这样的现象叫作"死重"。对于传统飞机来说并不会出现这样的设计(见图 2-28),对于无人机来说,这样的设计也是可行的。由于无人机主要的任务就是侦察和监视,所有并不需要太高的使用载荷,即使机身多了不必要的负重也无足轻重。"死重"的设计可以降低技术要求和设计成本,是一个利与弊的折中设计。

图 2-26　垂直起降固定翼无人机构型

图 2-27　倾转分布式动力机翼垂直起降构型

图 2-28　垂直起降构型无人直升机

2.3.5　仿生构型

翱翔天空自古以来便是人类的梦想。现在,仿生鸟(Bionic bird)让你有机会获得这样的非凡体验,像鸟儿一样自由飞翔。随手一掷,鸟儿即可带你飞上蓝天。仿生,顾名思义是模仿鸟类、蝙蝠或者飞行类昆虫的外形构造。仿生无人机,主要是通过仿生优化无人机的设计外形及内在结构以提高飞行性能,进而增强无人机的环境适应性,是未来无人机研发的重要方向(见图 2-29)。仿生无人机的特点主要是小巧、灵活、易携带。仿生无人机的材料大多采用高技术复合材料,质量轻盈,体型较小,便于单人携带;融入环境能力强,无人机以其外形酷似鸟类或昆虫,飞行姿态也较为类似,能高度融入自然环境;隐蔽接近难发现,高度仿生肉眼很难分辨,动力系统噪声较小,高复合材料又降低了雷达反射率,可实现近距离接近目标,而不被发现。

目前,研发的仿生无人机大多采用电池供电和借助空气升力两种方式提供飞行动力,借助空气对流获得升力对环境的要求较高,采用锂电池、太阳能薄膜供电等方式提供的能量有限,因此需要进一步研究动力来源或提升电池的储能效率。另外,由于仿生无人机大都体型小巧,材质轻盈,在驻足启动、变化路线、发射回收等环节,容易受自然环境的影响,操作控制较为困难。但是,随着新材料技术的突飞猛进,电池能源以及太阳能转化技术的不断升级,特别是人工智能技术研究的持续深入,仿生无人机的诸多瓶颈也将随之而解,未来仿生无人机必将大放异彩。

2.3.6　太阳能驱动构型

太阳能无人机采用太阳能作为动力源,它具备超长航时的特点,未来留空时间可长达数月至数年,且飞行高度高,超过 20 000 m,任务区域广阔,具备"准卫星"特征,具有部署灵活、经济性好等优势。其构型特征为电机驱动、大翼面、大展长、超轻质复合材料结构(见图 2 - 30)。

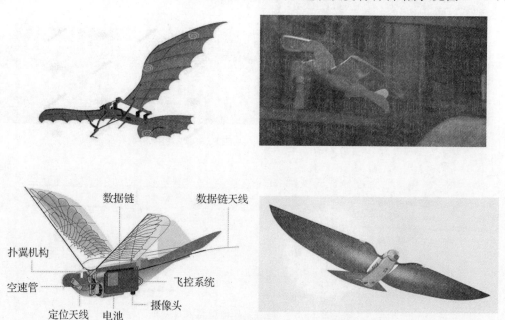

图 2-29　各类仿生无人机构型

图 2-30　典型的太阳能无人机构型

2.3.7　乘波构型

高超声速无人机具有速度快、高度高、巡航距离远、突防能力强等特点,所以必须采用一种高升阻比和强机动性的气动外形,适合高超声速无人机的外形有升力体、翼身融合体、轴对称、旋成体、乘波体等。

所谓乘波构型(Waverider),是指一种外形是流线型,其所有的前缘都具有附体激波的超声速或高超声速的飞行器(见图 2 - 31)。通俗地讲,乘波构型飞行器飞行时其前缘平面与激波的上表面重合,就像骑在激波的波面上,依靠激波的压力产生升力,所以叫乘波构型。如果把大气层边缘看作水面,乘波体飞行时就像是在水面上打水漂。乘波体飞行器不用机翼产生升力,而是靠压缩升力和激波升力飞行,像水面由快艇拖带的滑水板一样产生压缩升力。超声

速飞行形成的激波不仅是阻力的源泉,也是飞行器"踩"在激波的锋面背后"冲浪"的载体。乘波体具有以下优势:

(1)乘波体外形的最大优点是低阻、高升力、高升阻比,其上表面没有流场干扰,没有流线偏转,激波限制在外形的前缘,使得在可压区中下表面上的高压同向上倾斜的外形一起组合,获得整个外形上的推力和升力分量。

(2)乘波体外形在偏离设计条件下,仍能保持有利的气动性能。

(3)乘波体外形更适合使用喷气发动机或冲压发动机。乘波体下表面是一个高压区,是发动机进气口的极佳位置,并且发动机的下表面还可以与乘波体一起融身设计,使其不损失进气口阻力。

(4)乘波体外形因为是用已知的可以得到精确解的流场设计而成的,所以更易于进行优化设计以寻求最优构型。

图 2 - 31　与超燃冲压发动机一体 X - 43A 创造了 9.7Ma 的速度

2.3.8　模块化组合构型

模块化可重构无人机是将机身、机翼、动力舱、任务舱等进行模块化设计(见图 2 - 32),可依据任务类型更换机翼部件,动力舱和任务舱。这种无人机能够通过主机身搭配不同的机翼、动力舱来完成侦察,预警和打击等不同的任务(见图 2 - 33)。

图 2 - 32　模块化无人机构型

无人机组合技术是将数个小型无人机组合成一个大型无人机(见图 2 - 34)。其智能适应战场的变形转换技术可应用至一个灵活的飞机系统,该系统能够将飞机分解成适应战场需要的多架小飞机,对于较长的航程,也可以把多架次飞机组合成为一架组合式飞机,从而实现节省燃油、增加航程的目的。此概念可以量身定做,以适应各类战场情况。一旦组合式飞机到达目标上空,子飞机可再次分离,灵活执行战场监视与侦察、进攻防御、空投物资等多种功能性任务(见图2-35)。

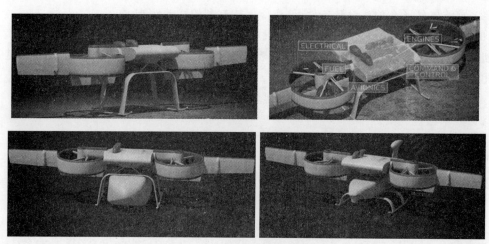

图2-33 空中重构嵌入系统

图2-34 英国BAE系统公司组合无人机

图2-35 空客公司的汽车-无人机组合概念方案

第 3 章　飞行控制的力量

3.1　飞机为什么能飞起来

1903 年,莱特兄弟在北卡罗来纳州基蒂霍克村一个人迹罕至的海滩,成功进行了人类首次飞机飞行。这个重 280kg 的"飞行者 1 号"(见图 3-1),第一次飞行只持续了 12s,飞行距离约为 36m。

图 3-1　莱特兄弟制造的第一架飞机——"飞行者 1 号"

关于世界上最早的飞机到底是由谁发明的,国际上尚存在争议。较为普遍的观点是由美国人莱特兄弟发明的,因为莱特兄弟是人类历史上第一次有动力、可控(8 字航线)飞行。据百度资料:

"在我看来,莱特兄弟之所以能够成功,是因为他们除了关注飞行器的动力问题,还对当时很多试飞者都忽略的问题就是如何控制飞行器。当时的环境是所有人都在想如何让飞机留空时间尽量长,一般的人总是在研究动力和飞行器的结构,但是他们都忽略了如何在空中控制飞行器,致使最终很多试飞者遇难。莱特兄弟除了研究结构和动力外,还清楚地认识到如果想让飞机安全地、尽可能长时间地留空,就要控制住飞行器。只有平稳的控制飞行器,才谈得上留空时间。如果连飞机的安全都不能保证,还谈什么留空时间呢?"

3.2　飞行控制系统的发展历程

3.2.1　飞行控制系统简介

1.最简单的飞行控制系统

20 世纪 50 年代以前,飞行员通过飞机的机翼和尾翼上的气动控制面(舵面)实现飞机的操纵。由于飞机的飞行速度不高,舵面气动载荷不大,采用简单的机械传动杆系,借飞行员体力就可以拉动常规的 3 个舵面。此时的控制系统为飞行员的大脑,舵面为实现飞行控制的操纵部件。

如图 3-2 所示,副翼置于机翼后缘外侧,即图中的 A,控制飞机滚转(左右机翼分别上下);升降舵置于后机身水平尾翼上,即图中的 C,控制飞机俯仰(抬头低头);方向舵置于后机身垂直尾翼上,即图中的 D,控制飞机偏航(机头左右)。

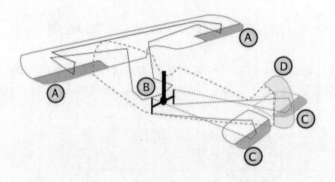

图 3-2 飞机舵面布置

当驾驶杆 B 向左边压下时,拉索带动副翼 A 的左边后缘上翘、右边后缘下偏,于是左机翼升力减小、右机翼升力增大,从而使飞机向左边滚转。当驾驶杆 B 向后拉时,拉索带动升降舵 C 的后缘向上翘,于是飞机的尾部升力减小,从而使飞机的头部抬起、尾部下沉,形成俯仰运动。当左边的脚蹬被蹬下时,方向舵 D 的后缘向左边偏转,于是在垂直尾翼上产生向右的力,从而使飞机的尾部向右、头部向左(左偏航运动)。以上即为飞机的三个自由度的转动运动。

飞行轨迹的改变(平运)主要是通过飞机的转动来实现的。因为升力的方向大致垂直于机翼平面,所以当飞机滚转时,升力的方向也跟着滚转,它的水平分量成为向心力,使飞机在水平面内做圆周运动,从而完成水平转弯(见图 3-3)。当飞机抬头时,由于迎角增大,升力增大,产生了垂直向上的向心力,使飞机改变了铅垂方向的轨迹(见图 3-4)。

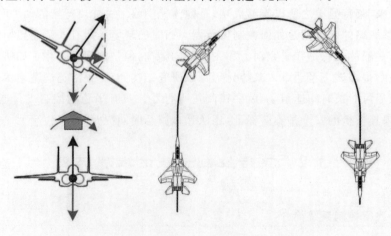

图 3-3 飞机转弯的原理

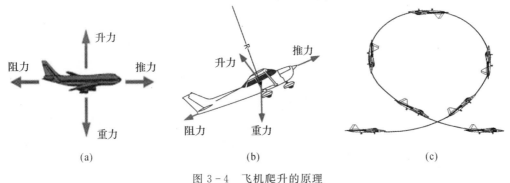

图 3-4　飞机爬升的原理

(a)平飞；　(b)拉起；　(c)爬升-筋斗

2.现代飞行控制系统

现代飞行控制的基本原理与莱特兄弟时代没有本质上的区别,但是形式上已经发生了翻天覆地的变化。图 3-5 所示的简单飞行控制系统非常简陋,没有电子和增稳系统,驾驶员全权负责飞机的飞行。随着飞机的性能如飞行速度、质量、飞行高度的增加,驾驶员需要借助复杂的机械、电子、液压系统才能实现飞机舵面的操纵,此时现代飞机的控制系统的发展已初具规模。飞行控制系统可以起到辅助驾驶员操纵的作用,增加飞行的稳定性,降低驾驶难度。从20 世纪 60 年代至今,控制系统主要起到增稳的作用,同时还能兼顾飞机稳定性与操纵性的要求,但电气通道的操纵权限不是全权限的,也没有可靠的安全措施,机械杆系仍然存在。在随后几年,工程师们将控制增稳系统的电气通道的权限扩展到全权限,取消了机械通道而出现电传操纵系统,并在该系统中加入了计算机,同时采用余度技术。

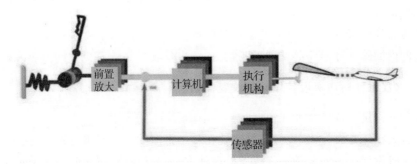

图 3-5　飞行控制系统

从飞机最开始的简易控制系统到现代飞行控制系统,主要增加了三大核心部件:①传感器,相当于人的眼睛或皮肤,用以感受外界的各种信号;②计算机,相当于人的大脑,在传感器测量得到对应的信号后将其传递至机载计算机并开始做出相应的决策;③执行机构,相当于人的手脚,实现飞机的操纵进而完成控制。

这里需要引入反馈的概念,当驾驶员想要操纵飞机向一个特定方向飞行时,机载传感器如全球定位系统(GPS)测量到此时的飞机方位并传输至飞行控制系统,计算机根据测量信号和目标信号的关系给出操纵指令,这个过程称为反馈,现在飞行控制器设计的依据便是反馈控制原理。

一个典型的现代飞行控制系统总体构成如图3-6所示。

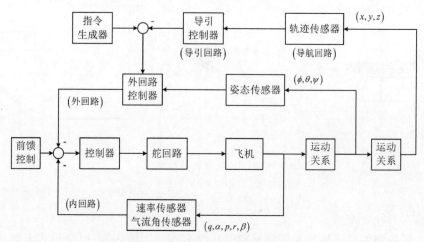

图3-6　飞行控制系统总体构成

图3-6所示为一个飞机的控制系统的结构组成,图中主要包括三大控制回路:内回路、外回路和导引回路。飞机要实现受控状态的飞行,首先实现飞机角速度的控制,再实现飞机姿态的控制,最后在此基础上实现飞机位置的控制,完成目标航线的飞行任务。这3个控制回路各自的作用为:①内回路主要控制气流角、姿态角速度等,用来保证飞机的稳定性;②外回路主要控制姿态角,用来保证飞机的操纵性;③导引回路主要控制飞行轨迹,用来保证飞机的飞行性能、任务性能。飞机实现受控飞行的过程是由内向外,而飞机的控制指令注入过程是由外向内的,即先由导引回路生成姿态指令,再经过外回路生成角速度指令,最后通过内回路的角速度测量信号的反馈实现操纵和控制。

在现代飞行控制系统中,飞机的控制信号既可以来自驾驶员的驾驶杆指令,同时也来自于飞控计算机的内回路和外回路的反馈控制指令,即由驾驶员和计算机共同操纵飞机。

3.2.2　飞控系统对飞机设计思想的改变

1.飞行控制系统地位的提升

无论是有人机还是无人机,飞行控制系统在其中扮演的角色越来越重要,最明显的一个变化就是对于飞机设计思想的改变。传统飞机设计方法的设计步骤如图3-7所示。

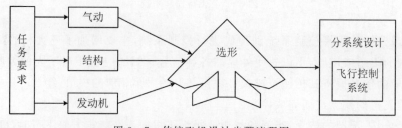

图3-7　传统飞机设计步骤流程图

传统飞机的设计是从任务要求出发,从初始总体参数设计到总体参数详细设计,再到操纵系统设计,飞机费用和效能分析,最后迭代优化从而使整个方案最优。这里的总体设计包括质量估算、升阻特性估算、推重比的确定,详细设计中有机翼设计、机身设计、尾翼和操纵面设计、推进系统选择和起落架的设计,进入了操纵系统的设计后才正式开始飞行控制系统的设计与选型。此时将控制系统归于航电系统内,在飞机的质量、推重比、翼载荷、布局、结构都确定好后才开始设计,控制系统在这里仅作为一个分模块。

第一代、第二代战斗机,如我国的J-5,J-6,J-7等,均采用这种设计思想(见图3-8、图3-9)。

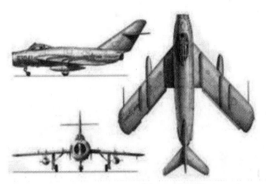

图3-8 一代机J-5,J-6

图3-9 二代机J-7

随着飞机所执行的任务越来越复杂,现代战场对于飞机的性能要求也越来越高,而传统方法已经对飞行器的自身性能进行了充分的挖掘,此时需要控制系统在其中发挥自主化、智能化和协同化的作用。因此,对于现代飞机设计的方法而言,飞行控制系统已经从航电子系统上升至总体和详细设计阶段需要考虑的因素,如图3-10所示。

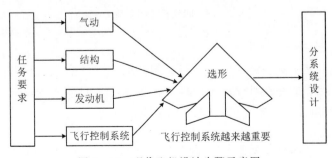

图3-10 现代飞机设计步骤示意图

可以看出，现代飞机设计牵引已经从单纯的任务到包含主动控制的概念，而飞行器设计的三大件：气动布局、结构和发动机，需要引入飞行控制系统。飞控系统不再是之前被动选取的固定模块，而是随着飞机任务和需求的变化也随之进行定制和专门设计的核心模块。由于飞行器的布局特殊、执行的作战任务特殊、飞行方式特殊，此时飞行控制系统需要承担非常规任务的控制，通用性逐渐降低，因此需要对其进行单独设计。

从第三代战斗机开始，如美国的 F-16、我国的 J-10 等，均采用了这种设计思想（见图3-11，图3-12）。从外形上可以看到这类飞机的平尾和垂尾面积明显减小，距离机翼更近，所需要的机身也更短，这样的好处是让飞机变得更轻、阻力更小，但是缺点是飞行的稳定性会下降，不过在引入飞行控制系统之后，可以飞得比第一、二代机还稳。

图 3-11　三代机 J-10 和 F-16

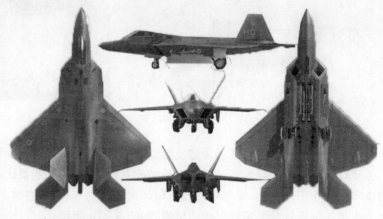

图 3-12　四代机 J-20 和 F-22

2. 飞机的无人化

从第一架飞机的诞生到我们国家自主设计制造的 C919 民航客机，都需要飞行员进行最高权限的控制。飞行员的存在可以让飞机的安全级别更高，目前波音、空客公司的民航飞机都有飞行员，且一架民航客机需要有正、副机长两个飞行员，不仅有各自分工，而且特殊情况下还可互为"备份"。

而对于有特殊功能或用途的飞机（如战斗机、侦察机等），飞机的性能便决定了其执行任务的能力,飞行员又是其中重要的一环。战斗机飞行员,必须经过 1 000h 以上的飞行训练,而歼-10 这种三代机每小时的飞行成本耗资近 30 万元,培养成本比较高且有培养周期。另外,在飞机性能发展十分突出的今天,飞机具备的过载性能已经超过了飞行员所能承受的极限,此时飞行员的存在便制约了飞机自身性能的发挥。

面对下一代战斗机的强烈发展诉求,虽然国际上还没有明确的技术指标和典型信号,但美、法、英、中等航空强国不约而同地选择了无人、飞翼这种特殊的布局形式(见图 3－13、图 3－14)。各国还会根据本国的空军作战概念以及国情分别对下一代战斗机提出不同的技术要求。

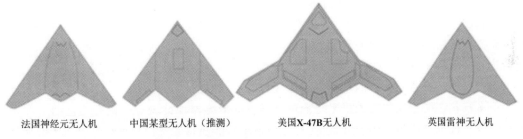

| 法国神经元无人机 | 中国某型无人机（推测） | 美国X-47B无人机 | 英国雷神无人机 |

图 3－13　美法英中四国无人攻击机示意图

图 3－14　无人战斗机

因此,当前飞机"无人"化的发展诉求越来越强烈。随着电子、控制相关技术的发展(如传感器的测量精度、计算机的运算能力、多余度控制技术、新材料技术等)的迅速提升,飞机的"无人"化再加上高性能飞行控制平台,使得以前很多"异想天开"的想法成为可能。

飞机上没有飞行员后意味着相关领域的技术迅速发展来扮演驾驶员的角色。这里,无线电技术、自主飞行控制技术和传感器技术是飞机无人化的 3 种十分重要的相关技术领域。

(1)无线电通信。没有驾驶员的存在,地面站工作人员只能通过与无人机之间建立的数据链进行相关数据传输。数据链是无人机系统的重要组成部分,用于完成对无人机的遥控、遥测、跟踪定位及视频信息的传输:①数据链的技术必须保证飞机与地面站的通信是稳定、可靠、传输距离足够远的;②由于作战任务的需要,数据链还需要设置相应的加密方式以及抗干扰能力。

(2)控制系统。前面部分对无人机的"大脑"——控制系统进行过说明,由于没有驾驶员,控制系统在无人机全系统中发挥着最重要的作用。这种条件下,"自主性"是无人机系统区别于有人机最重要的技术特征,实现无人机系统的自主控制,提高其智能程度,是无人机系统的重要发展趋势。

无人机系统自主控制系统通过在线环境感知和信息处理,自主生成优化的控制策略,完成各种战略和战术任务,并且具有快速而有效的任务自适应能力。无人机系统自主控制面临的挑战包括复杂、非结构化、意外的动态环境,不确定的、意外的事件和态势,远距离长航时条件下复杂网络通信链路故障、突发系统故障、实时外部威胁等环境不确定性;高度复杂决策空间和强实时决策能力等超越了人的认知能力范围的任务复杂性;高速、高机动性、高隐身性平台以及复杂柔性的系统结构等系统复杂性。

飞行控制系统要实现上述自主控制的能力,控制器自身硬件能力需要达到一定水平,另外控制器所采用的相关算法也是关键之一。通过飞控机内部的算法对飞行过程中的复杂条件所代表的信息进行计算和处理,从而实现其自主飞行和决策。

(3)传感器。由于无人机的设计域极大地扩充,各种新型的传感器都可以在这种平台上进行安装和试验。传感器种类的增加,余度的增加使得其测量的信号较有人机明显增多。而且机载设备和传感器的模块化使得无人机针对不同的任务搭载不同的设备和传感器,极大地增加系统的灵活性。

无人机在传感器能力上的增加主要体现在以下三方面:

1)飞行状态的感知。无人机平台上可以搭载的传感器种类较有人机有明显的增加,所能测量的信号种类和数目多于有人机,使得飞控系统所能获得的飞行状态信息要多于有人机。

2)飞行环境的感知。随着传感器的增加,无人机的测量能力也有明显的提升。采用光电、红外、雷达等设备可以对飞行空域内的环境进行全面的侦察,并且相关设备所记录的数据又能实时回传至地面站,根据地面站给出的指示可以对飞行环境进行更好的感知。

3)战场态势的感知。通过飞行状态的感知和飞行环境的感知,无人机在飞行过程中能够得到的信息源除实时测量值外,还有地面站指挥人员根据实时回传的数据所做出的决策。而有人机在飞行过程中全部倚重飞行员,飞行员在保证安全飞行和顺利完成任务外还需针对目标空域的飞行环境和临时状态做出突发决策。因此,“无人”为飞机的使用、设计提供了更广阔的空间。

3.2.3 无人机的飞行控制

无人机的发展秉持着一代飞控、一代无人机的特点,由于控制系统在无人机系统中扮演着类似“大脑”的角色,可以通过一代飞行控制系统的技术水平来奠定与之配套的一代无人机的技术水平。与战斗机的发展类似,无人机的飞行控制系统从传统飞控到现代飞控其技术水平也经历了四代跨越。区别于有人机的是,无人机的飞行控制除了要考虑飞机本体,还要考虑地面控制站与数据链。一个典型的无人机系统与地面站内部布置如图 3-15 所示。

图 3-15　无人机系统与地面站内部

1. 第一代无人机的飞行控制

第一代飞行控制系统是单线程的,在地面阶段设计人员向飞机的控制系统中载入要完成的任务动作,并设计多种触发条件。这个阶段的控制为单方向的,例如在起飞前设定好的程序控制下飞行(简称程控),随之在数秒之内打开发动机、数秒之内开回收伞等任务。而任务注入进入正式飞行后,无人机便无法与地面站工作人员互动,只能按照预定的程序执行。

由于人机之间基本无互动,即发射后"不管"(也没法管),只管回收。虽然在任务灵活性和应对飞行空域的突发状况受到局限,但是这一代飞行控制系统仍然在无人机靶机平台上取得了成功应用。这一代无人机与导弹非常类似,都是注入固定任务随后开始执行,但无人机的任务中还包括返航或回收任务,导弹是以击中目标为最终任务要求。因此,是否可回收是无人机和导弹("V1"等)的最大区别。这一代无人机的典型代表有美国的 BQM-34"火蜂"无人机(见图 3-16)等。

图 3-16　BQM-34"火蜂"无人机

搭载这一代飞行控制系统的无人机的优缺点如下:

优点:成本低、不会被干扰;

缺点:所能执行的任务较为局限,如靶机、高空侦察机。

在这一时期航模逐渐流行起来,无人机与航模之间有部分相似,二者都可以飞行,甚至航模也可以实现受控飞行;二者的尺寸、外形、飞行方式非常相似。但也有明显的不同,无人机是针对具体的飞行任务完成飞行,但航模的功能就是单纯的飞行,没有实际的任务作为牵引。通俗来讲,"能干活"是无人机和航模的最大区别。

2. 第二代无人机的飞行控制

第二代无人机的控制与第一代明显的不同在于人/操纵手的介入,此时无人机与操纵手之间就产生了信息的互动,操纵手可以根据肉眼/传感器回传的信息远程控制飞行(简称"遥控")。由于操纵手的引入,可以极大地弥补第一代无人机存在的飞行任务不可更改、无复杂环境应变能力、无法做决策等局限。

这一代的飞行控制技术已经实现了人机之间的实时通信。操纵手实时上传无人机控制信号,无人机可以按照程序飞行,支持操纵手的介入对飞行状态的改变。操纵手一般用于起飞、着陆等视距内复杂场景下的人工辅助操纵,还能针对视距内无人机飞行状态异常或突发环境影响做出决策,确保飞行任务顺利完成以及无人机系统的安全。另外,无人机所搭载的相关设备也支持实时回传飞行数据、图像,为操纵手的驾驶提供帮助。这一代无人机的典型代表有美国、以色列的 RQ-2"先锋"无人机(见图 3-17)、我国的 ASN209 无人机等,在实战中已经得到了广泛的应用。

搭载第二代飞行控制系统的无人机的优缺点如下：

优点：成本低、可靠性高（人/操纵手在回路）。

缺点：距离近、有延迟、易被干扰。

我们可以发现这一代无人机的任务成功率和安全性较上一代已经有了明显的进步，但是同有人机面临的问题类似。操纵手确保了控制权限的最高级，但随着飞行任务复杂，飞行距离比较远、飞行时间比较久、飞行高度超视距等，这一代无人机已经无法满足这类飞行任务了。而此时现代飞行控制系统已经在有人机平台上取得了成功应用，余度技术也已经取得一些成果，因此针对新一代飞控研发的无人机的需求非常旺盛。

图 3-17　RQ-2"先锋"无人机

3. 第三代无人机的飞行控制

第三代飞行控制系统已经非常接近目前先进的无人机上所搭载的飞控，具备自主飞行能力、拥有稳定的数据链、较强的传感器系统、可以进行任务规划和决策。这一代飞控已经从"人在回路"和"监督控制"向着自主控制的方向发展。

无人机系统上装载了大量的传感器，并且传感器的种类和功能也有差异，传感器也有余度。无人机可根据大量机载传感器（主要感应自身）信息，自动执行控制指令（简称自动控制）。当面临具体的飞行任务时，不再受到自身和操纵手的限制。数据链传输距离足够远，支持长航程、超视距、多种飞行高度、多种作战用途的任务。从起飞到着陆全过程可以不需要人工干预，全自动执行任务，并能实时反馈工作状态，还可以结合遥控成为半自动飞行控制。

这一代的飞控使无人机的整体技术水平有了质的提升，是当前无人机的最常见控制方式，并且一些典型的型号一直沿用至今，例如美国的 RQ-4"全球鹰"无人侦察机（见图 3-18）、MQ-1"捕食者"无人机、MQ-9"死神"察打一体无人机、我国的"翼龙"无人机等。由于这一代无人机不仅可以执行战场的侦察任务，还可以执行打击任务，为了保证任务成功率和无人机系统的安全，控制系统需要对无人机的损伤、外界环境的干扰具有一定的自动纠正能力。

从第三代飞控发展的方向我们可以看出，无人机有了向着自主化、向着智能化、协同化的方向发展的趋势。单无人机的能力已经被很好地挖掘，而在面临多无人机、无人机群的背景下其控制系统的发展方向是牵引第四代飞控研发的一个目标。

图 3 - 18　RQ - 4"全球鹰"无人机

4. 第四代无人机的飞行控制

依托第四代飞行控制系统所研发的无人机能够自动根据外界环境变化和地面威胁等突发未知因素,自动重新规划飞行任务,即具备自主控制的能力。从这代飞行系统开始,无人机有很大的自动权限,人只起监控作用。指挥人员不再像之前的飞控那样,直接加载飞控程序,并预测可能出现的突发状况临时做出决策,而是直接向控制系统输入任务约束或指挥指令。例如高度约束、空速约束、飞行时间约束、任务完成率约束、安全约束等,控制系统可以根据已有约束结合无人机性能规划出相应的航线,并且当遇到突发情况时自己做出临时性决策,极大地降低了指挥人员的工作量,方便指挥人员将工作重心集中于战略战术的顶层。

要实现这代飞控所具备的能力,需要依赖大量传感器,传感器不仅需要对自身状态做出准确的感应,还需要对环境和敌人进行感知,并做出判断。另外,由于控制器计算能力的提升以及人工智能算法的引入,控制系统能够在极短的时间内应对无人机自身和环境的变化。从这一代飞控开始,无人机系统初步具备智能化。图 3 - 19 所示为无人机系统进行自主航线规划和飞行的示意图。

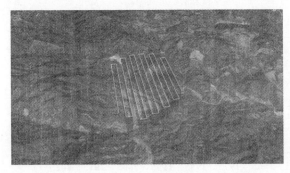

图 3 - 19　自动重新规划航线示意图

5. 未来的无人机飞行控制系统

表 3 - 1 和图 3 - 20 所示为美国空军试验室在 2000 年对无人机自主控制等级的划分,从表中我们可以看出飞行控制系统未来的发展方向是从"自动"到"自主",从单机到多机协同。飞行任务已不再强调个体,越来越看重体系和面向全局的作战任务。

表3-1　无人机自主控制等级划分

等级	名　称	描　述
1	遥控驾驶	无人机的各种行为完全依靠人的操作
2	实时故障诊断	无人机可以完成预编程任务,并能实时反馈无人机工作状态
3	适应故障和飞行条件	无人机具备一定的冗余能力,适应一部分故障和外界环境变化,能完成既定任务
4	机上航线重规划	无人机在飞行过程中能对地面威胁做出反应,重新规划航线以躲避威胁,仍能够完成既定任务,具备一定的智能
5	多机协调	多架无人机在执行任务过程,可以根据各机的情况和任务,进行协商和最优任务分解
6	多机战术重规划	具备多机应对突然威胁目标的功能,并对该目标和已有威胁进行排序,进行任务分配,并与其它系统分享态势信息
7	多机战术目标	在执行任务的多架无人机中有一架核心无人机负责战术任务分配
8	分布式控制	多架无人机中没有核心,采用分布式架构,并且有多个多无人机团队在执行任务
9	多机战略目标	多架无人机在几乎没有人的帮助下完成战略目标,但需要有人类的监督
10	全自主蜂群	人类对无人机的工作几乎不作指导,但仍然拥有最高权限

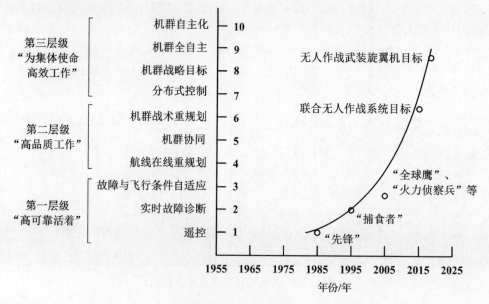

图3-20　自主控制等级划分

通过上述控制系统的发展方向,可以看出未来的飞行控制系统可能在对外界信息的感知与认知、规划与控制、协同与交互方向上会有着一定的发展。

(1)感知与认知。无人机系统任务由在安全区域执行侦察监视任务向在高危区域执行主

流作战任务的方向发展,必须解决复杂环境感知与认知技术,实现战场态势理解与生成:

1)非结构化环境感知。非结构化环境感知将实现自然环境目标与敌我目标的感知与识别,提高无人机系统战场态势的理解。恶劣气象条件决定了环境感知与识别任务的艰巨性,而复杂高对抗的环境状况进一步加大了无人机系统实现高可靠、强实时环境感知的难度。

2)复杂环境认知与学习。环境认知技术使无人机系统具备信息收集和环境认知能力,能够感知、识别、理解其所处的战场环境,是无人机系统实现高层次自主的基础。借鉴人类认知过程突破认知信息处理技术,对无人机系统发展极为重要。

(2)规划与控制。规划与控制技术主要解决无人机面对复杂环境的不确定性,如何实现自主行为,提高无人机系统的作战效能:

1)实时规划、重规划与监督控制。实时规划、重规划与监督控制主要解决无人机系统执行任务过程中任务计划的实施,并且根据突发状况进行动态任务重规划等问题,提高无人机系统作战响应的实时性。

2)多机协调规划与控制。多无人机协调规划与控制必须对多无人机在实际环境中运行时所面临的感知、执行、通信以及环境动态变化等非理想情况,甚至可能遇到的失效等极端情况进行充分考虑与处理。

3)机载智能自主控制。实现机载智能自主控制将为无人机系统的实战使用奠定基础。智能自主控制是指无人机不依赖外界指令和设备支持,在不确定的环境中仅依靠自身的控制设备完成所规定的任务的关键能力。

(3)协同与交互。协同与交互技术主要解决多无人机以及人机之间的协作行为,实现有人/无人平台协同作战、多无人平台协同作战:

1)协同作战系统技术。协同作战系统主要实现无人机与有人机、任务控制站、指控系统的互联互通互操作,支持有人/无人系统协同执行各种任务。

2)人机系统综合技术。人机系统综合技术促使人和计算机二者的智能进行有效融合,实现高效的人机协同,提高无人作战系统的可用性和整体作战效能。在高度自主的无人机系统中,人仍然需要提供高层目标。

3.2.4 飞行控制系统的核心

飞行控制系统是一个庞大的系统,在设计过程中需要重点关注的两大核心内容为:传感器的数据融合算法以及飞行控制律算法。

1.传感器的数据融合算法

由于无人机的控制系统所装载的传感器逐渐增多,测量的信号也明显增多,相对于单通道单一传感器测量的方式,现在普遍采取多通道多传感器测量的方式。为了使控制信息获得可靠的输入数据进行解算,有时还需要多个传感器进行组合测量。不同传感器的测量信息不同、传感器测量信号的频率和准确性也存在差异、传感器还会与飞机的其它部件产生干扰、多组信息源注入情况下如何确保此时向飞控系统传输的状态是最准确的,以上这些工作的完成均依靠传感器的数据融合算法进行实现。

数据融合作为传感器测量与控制器解算的中间层,以测量数据作为输入,经过一系列滤波和数据融合算法解算出无人机当前状态,反馈至控制器形成闭环,其准确性会直接影响无人机的定位精度与控制效果,通常基于线性或非线性动态观测理论对不同传感器的量测信息和系统状态进行融合,得到可靠的状态信息。图 3-21 为两种典型的滤波算法说明。

互补滤波算法目前在小型、开源飞控平台上应用非常广泛,当飞控要获得角速度数据时,以陀螺仪(用来测量无人机的角速度)测量的数据作为基准,利用加速度计和磁力计的数据对测量结果进行校准和消除误差;当飞控要获得加速度数据时,采用陀螺仪的测量结果对加速度数据进行校准,从而达到飞行输入的状态最优。

卡尔曼滤波算法多应用于工业级或稍大型飞控平台上,这种方法可以将传感器所有的测量信号和无人机的全部状态进行关联。首先利用控制系统之前所获得的飞机相关状态,结合状态方程对当前的状态进行预测,再根据传感器的测量模型和真实测量结果对预测结果进行校正,从而保证经过滤波后的状态精度是最优的。

目前,国内外关于数据融合算法的研究比较深入,包含四元数滤波方法、扩展卡尔曼滤波方法、无迹卡尔曼滤波方法、粒子滤波方法以及最新的人工智能的相关方法。

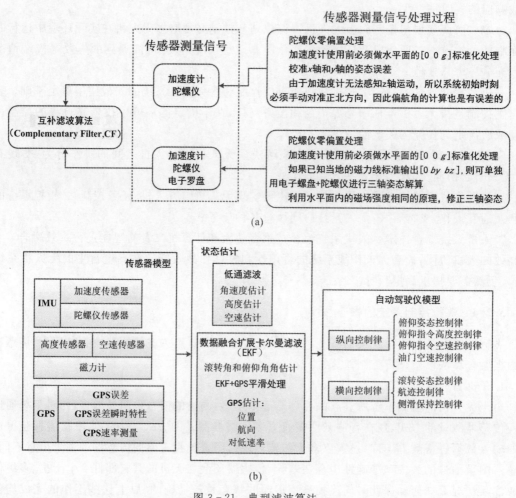

(a)

(b)

图 3-21 典型滤波算法

(a)互补滤波算法; (b)卡尔曼滤波算法结构

2.飞行控制律算法

在传感器完成了状态的测量和感知,并且经过相应的滤波算法后,真实、可靠的飞行状态信号便传递至飞行控制律中。作为飞行控制系统的核心,控制律模块负责控制信号的解算,实现增稳和自主控制。控制律的作用为:确定内回路、外回路、导引回路的控制方式,保持俯仰姿态、机头指向、高度、速度(Ma)、进场与着陆规定的下滑角、飞行任务航线的规划等等。

在飞控系统中,将所有通道的控制律整合为一个模块称之为自动驾驶仪,下面为飞机控制通道中的一些典型的自动驾驶仪。

(1)俯仰位移自驾仪。

(2)带俯仰速率反馈的俯仰位移自驾仪。

(3)高度保持自驾仪。

(4)速度保持自动驾驶仪。

(5)滚转角保持自动驾驶仪。

(6)协调转弯自动驾驶仪。

······

下述以最典型的自动驾驶仪:带俯仰速率反馈的俯仰位移自动驾驶仪为例,对控制律的结构、内部各部分的功能、所起到的效果进行说明。

图 3 - 22 所示为 Matlab/simulink 软件中所设计的无人机俯仰角飞行控制系统仿真模型,左侧 de 代表升降舵的初始偏角,也可以视为操纵手输入的外部指令,中间的微分方程代表简化后的飞机模型,右侧的四个通道为输出的信号,依次为水平方向速度、迎角、俯仰角速度、俯仰角这四个量。俯仰姿态自动驾驶仪便根据输出的俯仰角/角速度作为反馈,实现这两个参数的控制。图中的框即代表对应通道的控制律,对应的控制律算法为

$$\delta_e = K_q q + \left(K_\theta + \frac{1}{s} K_{\theta I} \right) (\theta - \theta_c)$$

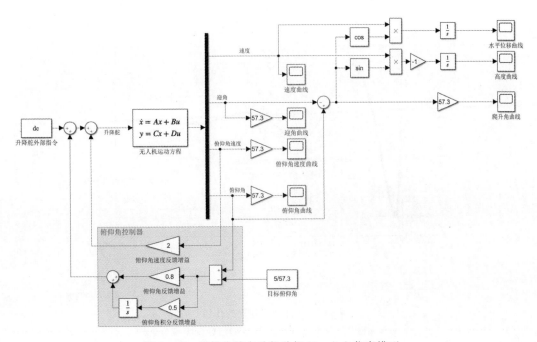

图 3 - 22　俯仰位移自动驾驶仪 Simulink 仿真模型

　　该算法的核心是比例-积分-微分控制（PID 控制方法），上式的 K_q，K_θ，$K_{\theta I}$ 为增益，一部分起到比例的作用，还有一部分起到积分的作用。该控制律的基本原理为：当传感器检测到无人机的俯仰角偏离预定值时，自动按比例控制升降舵偏角，使之恢复原状态。

　　仿真结果如图 3 - 23 所示。

　　图 3 - 23 所示为俯仰角的输出历程，图中 x 轴为仿真时间，y 轴为俯仰角的大小。仿真模型的"目标俯仰角"模块中目标俯仰角为 0°，图 3 - 23(a)是不加自动驾驶仪的俯仰角变化情况，可以看出初始俯仰角为 0°，但随着时间增加，俯仰角出现了振荡发散，30 s 时的俯仰角已经振荡至 12°，可以明显看到飞机已经失控。图 3 - 23(b)是增加了自动驾驶仪反馈后的俯仰角变化情况，俯仰角在初始时刻经过轻微的变化，变化幅度 0.25°，后经过 15s 后基本趋于 0°，实现了姿态角的控制。

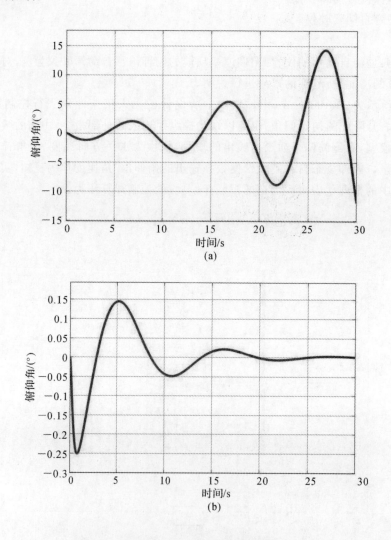

图 3 - 23　自动驾驶仪的作用

(a)一架不稳定的飞机；　(b)经过自动驾驶仪控制后变为稳定

3.3 无人机飞行控制系统实例

军品级飞控,它的特点是精度高、稳定性强、可靠性高、并且有足够的余度,因此质量和成本都比较高。随着无人机相关技术向着民用领域延伸,多种工业级和消费级飞控也已经走向市场化,依靠低成本的硬件和大量用户的反馈更新,功能越来越完善,应用也越来越广泛。这里以目前市场上最流行的消费级 Pixhawk 开源飞控为案例,对一套完整的无人机飞行系统进行介绍。

3.3.1 开源飞控 Pixhawk 介绍

Pixhawk 是一款基于 ARM 芯片的 32 位开源飞控,由 ETH 的 computer vision and geometry group 的博士生 Lorenz Meier 开发。最初采用的是分体式的设计即 px4(由 px4fmu 和 px4io 两个组件组成),后合并成一个整体,形成现在的 pixhawk。其硬件和软件都开源,因此衍生出很多不同的软硬件版本,最初的分销商是美国的 3D Robotics。Pixhawk 是一款高性能自动驾驶仪,适用于固定翼、多旋翼、直升机、汽车、船只以及任何可移动的其它机器人平台,其外形如图 3-24 所示。

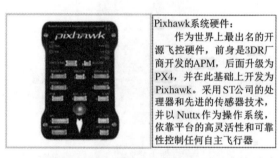

图 3-24 Pixhawk 硬件示意图

由于成本低廉,性能良好,目前已经广泛应用于各类无人机系统平台,如无人车、无人船、无人水下航行器、多旋翼无人机,无人机直升机、固定翼无人机、飞翼布局无人机和复合式垂直起降无人机(见图 3-25)。系统中支持各种配置的选取,还支持用户对内部的控制程序进行修改和二次开发。

图 3-25 Pixhawk 的多平台应用

图 3-26 所示为 Pixhawk 的结构和硬件示意图。Pixhawk 采用 32 位 STM32F427 芯片，采用 Cortex M4 内核，主频为 168M，具有 252MIPS 的运算能力、256KB 的 RAM 以及 2MB 的闪存，同时具有一片型号为 STM32F103 的故障协处理器芯片。在传感器的选用上面，它选用 ST 公司的 MicroL3GD20H 16 位陀螺仪和 MicroLSM303D 14 位加速度计/磁力计，选用 Invensense 公司 MPU 6000 3 轴加速度计/陀螺仪，采用 MEAS 公司的 MS5611 气压计。同时拥有非常丰富的硬件接口，它拥有 5 个 UART（串行端口），其中一个具有高功率，2 个带 HW 流量控制，2 个 CAN（一个带内部 3.3V 收发器，一个带扩展连接器）接口，Spektrum DSM / DSM2 / DSM-X 卫星兼容输入接口，FutabaS. BUS 兼容输入和输出接口，PPM 和信号输入接口，RSSI(PWM 或电压)输入接口，同时还有 I2C、SPI、ADC、内部和外部 microUSB 接口等等。其丰富的接口可以满足任何可移动的机器人平台的需要。在电力系统与保护方面，Pixhawk 具有自动故障转移功能的理想二极管，能够适应大功率的伺服电机（最 10V）和大电流（10A+），所有外围输出均有过流保护，所有输入均受 ESD 保护。Pixhawk 提供 3 个电源，它可以在电源上实现三重冗余。3 个电源分别是电源模块输入、伺服电机输入和 USB 输入。它优先使用电源模块的输入，电压范围为 4.8～5.4V，其次是伺服电机的电压输入，电压范围也为 4.8～5.4V，最后选择 USB 的电源输入，电压范围也是一样的。

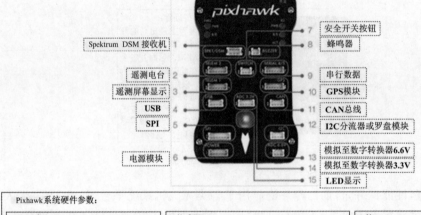

图 3-26　Pixhawk 硬件机接口组成

由于在四旋翼平台上的应用所取得的成功，基于这款飞控平台所开发的四旋翼已经广泛应用于航拍、信息采集、农药喷洒和货运等方面（见图 3-27）。

图 3-28 所示为一个典型的基于 Pixhawk 所搭载的四旋翼系统（除机架外）。从上到下依次为：四个电机，作为四旋翼的主要动力和控制输入；ESC 为电子调速器（即电调），根据飞控发送的电机 PWM 信号实现对四个电机转速的控制；左侧为锂电池，对全系统进行供电；飞控位于最中心，连接电调、蜂鸣器、手动开关、数传天线、外置 GPS 和接收器的 SBUS 总线；飞控的左侧为两个数传天线进行通信，一端连在飞控上，一端连在地面站，实现飞机和地面站指

挥人员的通信；飞控右侧为遥控器和接收机，为飞控提供另一种通信方式，即操纵手的手动控制；最下侧为无人机搭载的载荷系统，包括两部分云台和拍摄像机，相机进行拍摄任务，云台保持装载设备的稳定性和防抖，确保拍摄的画面是可用的。

图 3 - 27　Pixhawk 的多种用途

在介绍完 Pixhawk 硬件使用状况后，下面对控制器内部进行简单的介绍。图 3 - 29 所示为 Pixhawk 内部控制系统的基本结构图。

根据图 3 - 29 中的内容可以看出飞控的基本框架：由 STM32F427 芯片作为主控器承担着全部传感器的数据读写，姿态的解算及控制，以及其它信息的处理和控制。电源系统不仅为电机电调提供电源，同时还承担着主控制器和所有模块的电源供应。对于其它外围系统以及和主控器的通信方式分别如下所示：动力系统由主控器的四路电机 PWM 控制，调试系统通过 microUSB 接口和主控器交互，文件系统通过 SDIO 协议和主控制器交互，数传系统通过 433M 模块和主控器交互，遥控系统通过 SPI 协议和主控制器交互，导航系统通过 RTMC 协议和主控器交互，定高及姿态控制系统都是通过 I2C 协议和主控器交互。当飞机的主控制器或者发生其它错误导致无法对电机进行控制时，可以由协控制器感知到，进而获得电机的控制权，将电机控制在安全的模式下，直到检测到主控制器对电机的控制恢复正常。协控制器不定时的读取主控制器的 DMA 计数寄存器，当这次计数寄存器的值和上去读取到的值一致时说明主控器没有对电机的 PWM 进行更新，主控制器失去了对电机的控制，这时协控制器得知主控制器异常，开始接管对电机的控制，直到 DMA 计数器更新，主控制器恢复对电机的控制。

图 3 - 30 所示为控制系统的内部数据流和各个模块的作用。

根据上图所提供的信息，将该控制器的内核分为飞控计算机、传感器测量和执行机构操纵三部分。

飞控的计算部分为控制器的核心，其中 commander 为指令模块，属于控制架构的顶层，负责综合各部分的信息和用户的指令输入，管理调度平台的信息，并将飞机的状态、控制信号以总线的形式输入到下一层。navigator 为导航模块，在接收到指令模块发送的信号后选择相应的飞行模式，判断当前飞机所处的状态，根据无人机的目标航线和当前位置信息将控制信号发送至更下一层。position 为位置模块，包括两部分：position - estimator 位置估计和 position - ctrl 位置控制模块，前者根据传感器的测量信息实现无人机位置的准确处理与估计，将处理后的信息发送至位置控制模块进行解算，再将控制信号输入至下一层。attitude 为姿态模块，与位置模块类似，也包含两部分：attitude_estimator 姿态估计和 att_ctrl 姿态控制。前者根据传感器的信息估计飞机的当前姿态，后者进行控制解算，将最终信号发送至执行机构。

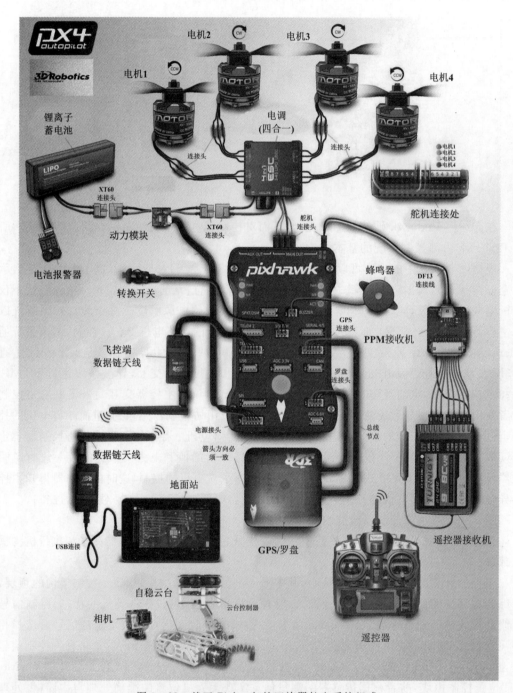

图 3-28 基于 Pixhawk 的四旋翼航电系统组成

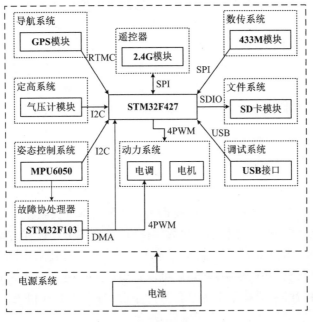

图 3 - 29　控制器的基本结构

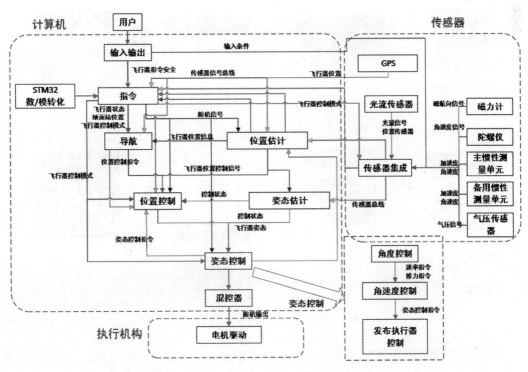

图 3 - 30　Pixhawk 控制系统结构示意图

飞控系统的执行机构包含两部分：mixer 混控器模块和 motor_driver 电机驱动模块，前者根据控制器输出的信号进行相应的处理，将对应的信号分配至各个电机；后者根据接收到的信号实现对电机的驱动，进而达到转速的控制。

飞控系统的传感器通过 sensor 总线进行数据传输，该平台支持的传感器种类比较多，例如惯性测量单元、GPS、磁力计、光流传感器、空速计、气压计和超声波传感器等。当传感器完成信号的测量后，将各部分的信息发送至信号总线，再由总线上传至指令、导航和位置姿态模块。

3.3.2　飞行控制系统试验

典型的飞行控制系统试验有数字飞行仿真试验、半物理飞行仿真试验、外场飞行试验等。

半物理仿真作为实时仿真中的一种，是将实际系统的部分实物接入仿真回路，将系统另外一部分以数学模型代替的仿真过程。相比数字仿真，半物理仿真具有更高的置信度，能够更加接近实际系统和环境，可以得到更加准确、可靠的数据，是仿真技术中具备较高可靠性的一种仿真方法，相比实物仿真，通过半物理仿真，可以将硬件实物接入仿真系统中，以验证实物的运行情况和系统的整体性能，提高了系统平台的可靠性，与实物仿真相比，半物理仿真可以大大降低开发成本、缩短研发周期。

一套典型的桌面级半物理仿真系统实物示意图如图 3 - 31 所示。

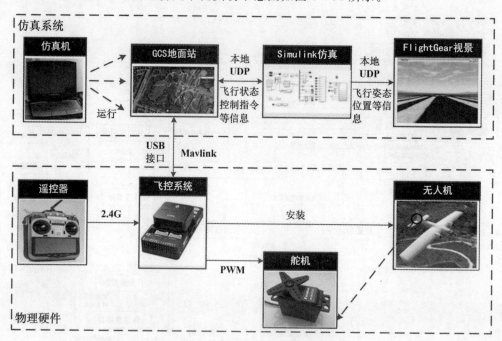

图 3 - 31　半物理飞行仿真系统示意图

该系统通过地面站将实际飞控系统与 Simulink 计算机仿真系统连接起来，在地面站将飞行控制指令传输给飞控系统（见图 3 - 32），并将实际响应反馈给仿真系统，通过模拟实际飞行状态验证设计飞控系统的可行性（见图 3 - 33）。Simulink 仿真结果可通过图形化输出软件 FlightGear 以动画的形式直观展现出来。

图 3 - 32　地面站飞行仿真轨迹示意图

图 3 - 33　飞行仿真图形可视化示例

3.4　学 习 建 议

　　飞行控制属于专业性非常强的学科,在学习之前需要完成许多基础课程的学习,该课程与其它基础课和专业课的层次关系如图 3 - 34 所示。

　　学习这门课之前需具备以下相关基础,从中可以看出数学基础对于飞行控制理论的学习是至关重要的。

　　(1)空气动力学(★ ★ ★ ★)。

　　(2)飞行动力学(★ ★ ★ ★ ★)。

（3）自动控制（★ ★ ★ ★ ★）。

（4）飞机总体设计（★ ★ ★）。

（5）电路基础（★）。

（6）通信原理（★ ★）。

（7）编程方面：设计仿真（★ ★ ★ ★ ★）。

硬件实现、验证 C/C++（★ ★ ★ ★）。

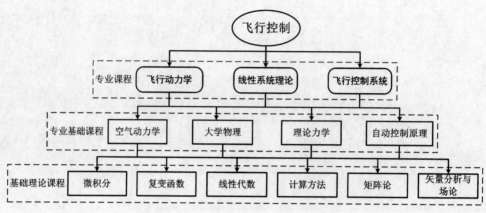

图 3-34 飞行控制与其它学科的关系

此外，飞行控制也属于实践性很强的学科。现代的任何飞行控制系统的设计都离不开大量的计算机飞行仿真模拟；接下来一般还要进行大量的各种条件下的半物理飞行仿真试验，对系统和参数进行优化；最终的效果好不好，还必须由外场飞行试验结果说了算。

因此想做好飞行控制，除了需要掌握坚实宽广的理论之外，还需要具备较强的动手能力。

第 4 章　无人飞行器的形与力

　　经过上述课程的学习和介绍,读者对无人飞行器应该已经有了一定的认识。无人机发展至今,已经有 50 多个国家正在开展近千个型号的军/民用无人机的研制和生产。而由于各自任务目标的不同,无人飞行器的气动外形也是形形色色,各不相同的。那么为什么会有这样或者那样的不同的气动外形呢? 当然这不是设计人员随意想出来的、画出来的,而是通过大量的计算、试验和经验才设计出来的。那么,通过这节课的学习,笔者希望能够让大家对不同外形的无人飞行器有个大致的认识,如果想要更深入地学习这方面的知识,也欢迎大家提问咨询。

　　在体育界有个口号——更高、更快、更强。那么对于无人机这么多年的发展而言,无外乎干的也是这三件事,飞得更高、飞得更快、能力更强。这里根据飞行高度和速度挑选了一些比较具有代表性的无人机,这些也是我们这节课主要需要讲解的几个不同的对象。其中包括了西北工业大学研制的信鸽无人机,它的飞行高度大概在 150m 左右,最大飞行速度可达 40km/h,可以持续飞行 30min,它是仿生设计的代表,像鸟类一样扇动翅膀来产生飞行所需的动力;苍鹭无人机,是以色列飞机工业公司研制的大型高空战略长航时无人机,最大飞行高度超过10km,最大飞行速度为 240km/h;全球鹰无人机,由美国诺斯洛普·格鲁门生产制造,主要用于侦察监视,飞行高度为 18km,最大飞行速度可达 740km/h;西风 S 太阳能无人机,原由英国国防部下属公司研制,现已被空客收购,是目前飞的最高最久的无人机,2018 年创造了连续飞行 25 天 23 小时 57 分钟,最大飞行高度为 22 555.2m 的记录;神经元无人机,是法国牵头欧洲许多国家参与研制的一款高速隐身无人战斗机,飞行速度为 $0.8Ma$,最大飞行高度约为13km,它是欧洲用来对标美国 X47B 的;暗剑无人机,由沈飞设计,它和现在 J-10、J-20 都比较像,算是一种具有空中格斗理念的无人战斗机,最大飞行速度 $2Ma$,并且具有超声速巡航能力;最后就是如美国 X-51、英国佩刀等高超声速无人飞行器,它们的飞行速度大于 $5Ma$,最大可以到 $20Ma$,也就是 20 倍音速,一般飞行高度范围在 20~100km,这也是临近空间的范围。这些无人机因为各自任务目标,也就是飞行速度、飞行高度的不同,其所面临的气动设计问题也不同,各自的气动外形也因此不同。

　　那么按照飞行速度和飞行高度进行划分,我们可以把这些无人机的气动问题划分为以下几个类别。其中中空亚声速是我们最常见的气动区域,因此,首先围绕我们最常见的中空亚声速飞机的形与力给大家进行一个研讨,之后再对低速流动、以及高亚声速、跨声速、超声速及高超声速分别介绍。

4.1　中空亚音速无人机的形与力

　　因为中空亚音速无人机是自第一架飞机诞生以来我们使用最多的一个飞行区域。所以现在在百度上面搜索飞机你能看到的基本上都是中空亚声速飞机(见图 4-1)。那么这个区域的无人机当然也不例外,除了无人驾驶以外,它的外形与常规飞机基本上没有什么区别。都是由机身、位于飞机中前部的机翼、位于飞机尾部的平尾、立尾以及单个或多个动力部件共同组成。

图 4-1　各类民机

如图 4-2 所示，飞机在空中飞行时主要受到升力、拉力、重力和阻力等 4 种力。其中升力和阻力都是空气给他的作用力，因此统称为空气动力。

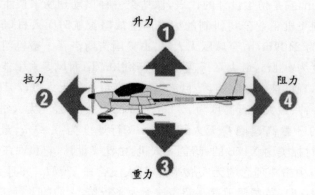

图 4-2　飞机受力

如果要能够飞行且飞得好，那么必须满足两个要素：力的平衡，也就是升力＝重力，拉力＝阻力；力矩的平衡与稳定。

前面我们也说了更高、更快、更强。其中更高和更快很容易理解，一个是海拔高度能飞多高，一个是速度能飞多快。可是更强该怎么理解？这里不得不插一句嘴，说一个国家的航空工业水平直接反映了这个国家的综合国力和整个工业能力，那大家有没有想过，为什么是航空工业而不是航天工业呢？一般在我们上研究生专业课的时候，一些专业老师都会说这句话：航天没什么难度，一个牛顿第二定律搞定一切。话虽然有些夸张，但是确实就是这个道理，无论是火箭上天还是在卫星控制，都是万有引力、作用力和反作用力，你想要推动 500kg 的火箭就得付出 500kg 的推力。可是航空却不是这样，搞航空有一种四两拨千斤的感觉，就是说你可能只靠着四两的拉力就能让一个重达千斤的庞然大物飞在空中了。这就是飞机形与力的真谛。就是说怎么样的外形才能让飞机以最小的推力获得所需要的升力，当升力一定时，阻力越小那么这架飞机的能力自然就越强。这个有一个专业的参数叫作升阻比,也就是升力和阻力的比值。笼统地说,气动设计所有工作总的目的就是提高升力、降低阻力、提高升阻比。

首先,我们介绍由空气带来的力和力矩到底是怎么产生的?

如图 4-3 所示,在水里的物体它会受到浮力,浮力的产生来自于上下物面的压力差,那么当物体在水面上静止时,其下表面压力 P_1 必然大于上表面压力 P_2,从而产生浮力来克服重力,左侧压力 P_3 则等于右侧压力 P_4。那么,当飞机在空气中静止时,它受什么力呢? 它只受重力,然后就会掉下来。

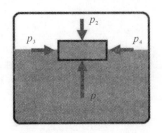

图 4-3　水中物体的受力

这是因为当物体处于水面上时,水的密度是远大于空气密度的,它自然而然就会形成上下物面的压力差,从而产生浮力。但是在空气中就不行,你四周围的密度都差不多,不存在压力差,所以你想要飞行那就必须去制造压力差。那么怎么去制造压力差呢? 当然只能靠运动。这里呢我们要引入一个概念,叫作相对气流。

基本概念:相对气流(见图 4-4)。

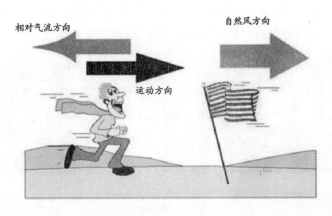

图 4-4　相对气流

什么是相对气流? 很简单,就是你和空气在做相对运动时所产生的气流。换句话说,我们可以认为,一股八级大风吹向你,你所受到的力,和你在风平浪静的日子里以八级大风的速度跑步受到的力是一样的。这样一来,我们就可以利用这一概念直观的去研究形与力。

比如图 4-5 建设直流式风洞、回流式风洞等,通过吹气的方式来研究形与力。无论是飞机还是汽车、高楼大厦等,都可以研究。

图 4-5 对相对气流的现实应用

(a)直流式风洞； (b)回流式风洞； (c)风洞试验:机翼翼段/飞机缩比样机； (d)开口式风洞试验—汽车模型

从宏观上讲,当流体流过物体表面时,只要曲率不大,流体会顺着物体表面流动。根据牛顿第三运动定律,物体施与流体一个偏转的力,则流体也必定要施与物体一个方向偏转的力。这就是康达效应。那么机翼也是一样,比如图 4-6(b)中,坐过飞机的同学可以观察到,起飞时机翼后缘一般都是斜指向下的,这就是利用了康达效应,将机翼前方直直过来的气流偏转到斜向下,从而使空气对飞机产生更多的斜向上的反作用力。有时候你们也会看到图 4-6(c)这种扰流板打开的情景,一般是在降落后,这么做的目的是用扰流板上偏的方式减弱康达效应,卸去升力,从而使飞机质量由机翼转移到起落架,同时增阻减速。

图 4-6 康达效应

(a)水流偏转现象； (b)客机机翼典型起飞状态； (c)客机机翼典型降落状态

从微观上讲,如图 4-7 所示,一旦飞机在空中做相对运动,那么相对气流就会被机翼分为两部分,一部分由上表面流过,一部分由下表面流过。根据质量守恒和能量守恒定律,由于上下表面的轮廓曲线、曲率的不同,在上下翼面上就会有不同的压力分布,形成压力差,从而产生升力(见图 4-8)。而这个压力差的大小主要与翼型上的压力分布相关联,这也是由翼型轮廓来决定。

如图 4-9 所示,不管是从宏观上还是从微观上去理解升力的产生,我们都可以想象到,机翼面积越大,它产生的升力就越大,机翼上翼面曲率越大(或者说机翼弯度越大),康达效应就会越强,升力也会变大。但并不是曲率越大越好的,因为产生康达效应有个前提,就是流体需要始终顺着附着在物体表面流动,如果早早就脱离了物体表面,那就不会产生明显的反作用力。

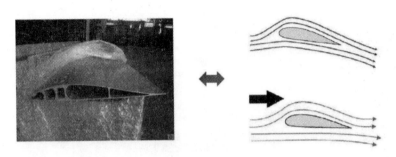

图 4-7　气流经过翼型的流动

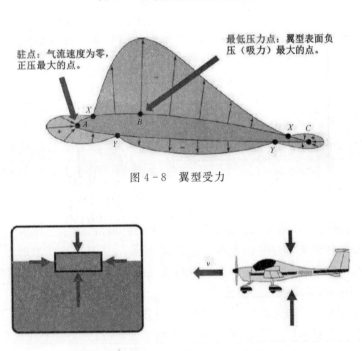

图 4-8　翼型受力

图 4-9　水中物体与空气中的飞机受力

我们再来介绍阻力。在高中物理我们都学过,当物体运动时,与它接触的面上会产生与运动方向相反的摩擦力,从微观的角度来讲,摩擦力是一种分子间作用力的体现,或者说是黏性的体现。那么当飞机在空气中运动时,空气的黏性对飞机也会产生与运动方向相反的摩擦力,尽管这个摩擦力很小,但它也存在,是飞机阻力的一部分。另外,大家可以想象一下,假如空气密度很大,像水或食用油,那么当飞机外表面和它接触的越多时,黏性是不是就会越大,摩擦力就会越大。前面我们讲机翼面积越大,升力就会越大,同样地,机翼面积越大,摩擦阻力也会越大,因此机翼面积的选择等等都是有讲究的,并不是随意选取的。

除了摩擦阻力之外,我们再来回看一下这幅机翼翼型压力分布示意图(见图 4-10),当翼型因分割了空气流动而产生压力分布后,向上积分会产生一个升力,那么向后积分就会产生一个阻力,因为这个阻力是因为前后压差积分产生的,我们叫它压差阻力。

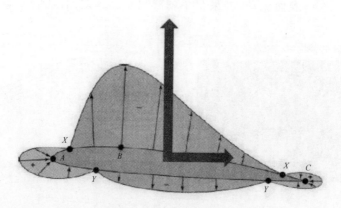

图 4-10　翼型压力分布示意

说到这呢,我想提一个大家很熟悉的词语,"流线型",比如骑行用的头盔,汽车、高铁、飞机等等都讲究流线型,其实就是为了降低压差阻力。

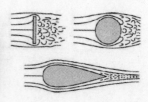

图 4-11　流线型降低压差阻力

图 4-11就说明了为什么流线型压差阻力小,也很好理解,你用一块板子直直拍在水面上压力很大,但是如果你把它侧过来拍进水里压力就会很小,这都是一个道理。

顺便提一下,很多汽车后面都有一个扰流板这是干嘛的?其实它的作用是和飞机扰流板一样的,就是减小升力,提高汽车的抓地力,这样才能增强安全性和操控性。

在这之外呢,还有一种阻力叫作诱导阻力,也叫升致阻力(见图 4-12)。这个我们就不细说了,主要是因为上下翼面压力差的存在,在机翼翼尖处,气流总是从高压向低压流动,从而带来了由下翼面向上翼面的涡流,叫翼尖涡,因为翼尖涡的存在导致产生诱导阻力。诱导阻力是机翼产生有效升力必须付出的"代价",只能减小,而无法绝对避免。

人们通过长期观察自然界大型鸟类,比如鹰和隼,发现它们在飞行中展开翅膀向上偏折翅尖羽毛以减小阻力,从而实现远距离滑翔。受此启发,有专家提出在翼尖加装短板来减小诱导阻力的想法。后来,设计师们不断研究,发明了翼尖小翼,如图 4-13所示,并将其安装在运输飞机上,以减小飞机的阻力。

还有一种阻力,叫作干扰阻力。什么意思呢?就是指飞机各部分之间由于气流相互干扰而产生的一种额外阻力,因为飞机的各个部件,如机翼、机身、尾翼等,单独放在气流中所产生的阻力的总和并不等于整体所产生的阻力,而是往往小于把它们组成一个整体时所产生的阻力。而这个差值就是干扰阻力。所以在设计过程中,人们开始追求圆滑过渡以及融合等概念,就是为了减少干扰阻力(见图 4 - 14)。

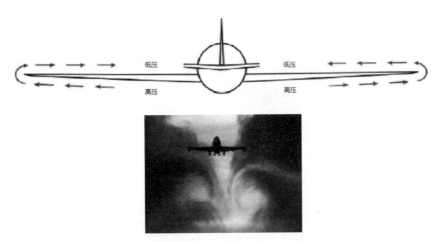

图 4 - 12　诱导阻力

图 4 - 13　翼尖小翼

图 4 - 14　减小干扰阻力的外形

这样的话我们就把飞机升力、阻力的产生讲清楚了(见图 4 - 15)。

接下来,我们再来看力矩。

其实很简单,飞机正常飞行时,它的机翼会绕全机重心产生一个升力、阻力和力矩,平尾也会产生一个升力、阻力和力矩。如果要平稳地飞行,必须在中心位置处总力矩为 0,也就是我们前面说的力矩的平衡。

因此,力矩的稳定,其实就是飞机在受到一定扰动时能够自己恢复到稳定状态(见图 4 - 16)。比如当飞机抬头时,就会自己产生一个向下的低头力矩让它低头,当飞机低头时,会产生一个向上的抬头力矩让它抬头。这就是力矩的稳定。

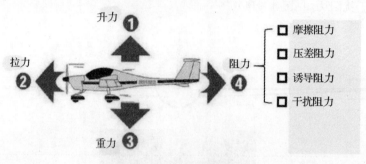

图 4-15　飞机总阻力

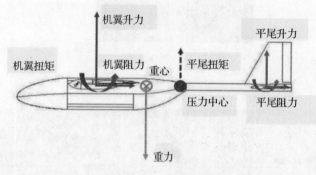

图 4-16　力矩的稳定

4.2　低空低速无人机的形与力

接下来我们再看看低空低速无人机的形与力。这里主要给大家介绍一下扑翼无人机的形与力，因为一般类型的低空低速无人机大都采用机翼，它的空气动力产生原理和之前中空亚声速无人机的原理是相同的。但是扑翼无人机在上述原理的基础上又有一些很显著的特点，它可以实现悬停、直升、前飞等多种运动形式，是仿生设计的典范。

图 4-17 中展示的罗伯特蜻蜓无人机是由美国一家高科技公司研发的，其借鉴了蜻蜓的仿生理念，质量仅为 28g，它既能够快速飞行，迅速变换方向和高度，又能在某一高度缓缓滑翔，或悬浮在半空中，甚至还能倒飞、侧飞、直上直下，可以说是随心所欲。大家可以观察到，它翅膀扇动的同时是带有旋转运动的，这使得其相对气流变得极为复杂。关于这方面的研究也是目前气动专业的热点话题。

下述选取一篇 2019 年发表于的论文（见图 4-18）给大家简单介绍一下扑翼无人机的形与力。

这篇论文研究的对象是蜂鸟，这是世界上最小的鸟，平均质量仅 1.8 g，它能够通过快速拍打翅膀悬停在空中，15～80 次/s。蜂鸟是唯一可以向后飞行的鸟。蜂鸟也可以在空中悬停以及向左和向右飞。那么这篇文章就研究了蜂鸟前飞时的气动力。图 4-19 所示是其翅膀的一个压力分布，这种压力分布就明显和常规机翼的压力分布不同，前面讲到的机翼上下表面都是低压，只是上表面比下表面压力更小，而鸟的翅膀上面则是低压，下面则是高压。这也很好理解,大家可以想象一下,用手挥舞一下,手背是可以感受到微风的,因为你用手掌把这一部分的空气分子全部推开,这时候手掌受到的是正压力,而在你推开一部分空气分子后,夸张地说,你手背上区域有一个短暂的时间是没有空气分子的,也就是真空,这就会形成一个低压区,这时候其它地方的空气就会被吸过来,和前面讲的翼尖涡相似,空气会由手掌的高压区向手背的低压区流动,卷起一个涡。我们把这种升力产生的方式也叫作涡升力。

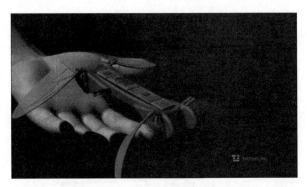

图 4-17　罗伯特蜻蜓无人机

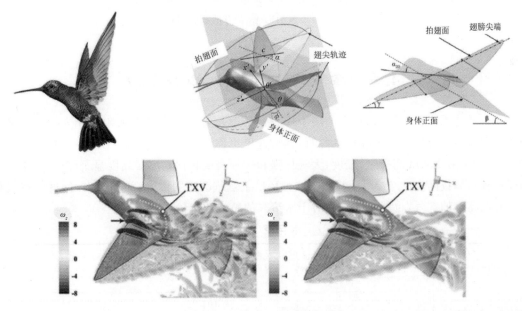

图 4-18　蜂鸟飞行时的气动力

那么取不同时刻翅膀挥舞所产生的流动示意看一下,在它两侧卷起的涡是很清晰的。下去你们也可以做这个试验,可以冲一杯咖啡,然后用勺子在杯子里模仿翅膀的拍打去划动,在勺子两侧就会看到涡的产生。

那么随着翅膀的拍打,因为空气的惯性(黏性),不断地会有涡形成和脱落,而由这些涡带来的反作用力也在不断变化。

而在实际中,鸟的翅膀是有很多羽毛的,羽毛和羽毛之间存在缝隙,翅膀边缘是锯齿状的羽毛,而且羽毛尖上又是软的,可以变形的。可以想象一下当它拍打时会有很多小刷子各自拖曳出一个涡来,每一根羽毛产生的涡都不同,而且涡和涡之间又会互相作用,极为复杂,鸟类翅膀和它拍打的运动方式就共同构成了扑翼无人机独特的气动力。可能用现在最厉害的超级计算机去模拟它也不能准确模拟。这是一个难题,但也不断促使空气动力学向前发展。

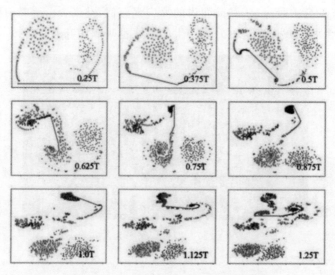

图4-19 涡的形成(T为拍动周期)

4.3 高空低速无人机的形与力

高空低速无人机的形与力,它的典型代表就是近几年非常火热的太阳能无人机。这里提到的高空是指在海拔高度20km左右的区域,这里也称为临近空间。首先我们来看一组数据(见表4-1),在20km高空时,温度、大气压强和大气密度相比0海拔高度显著降低,其中大气密度只有0海拔高度的7‰多一些。在这种环境下空气会特别稀薄,20km海拔高度的空气相比0海拔高度的空气,也就比空气相对于水给人的感觉数十倍。

表4-1 水与空气特性参数对比

介 质	海拔高度/km	温度/k	大气压强/Pa	密度/(kg·m⁻³)
水	/	/	/	1 000
空气	0	288.15	101 325	1.225
	20	216.65	5 529.31	0.088 9

那么根据康达效应,相同机翼在高空产生的升力肯定会比低空小,这和密度的变化关系是成正比的。所以,太阳能无人机要是想要在临近空间内飞行,首先必须很轻,然后机翼面积必须很大。除此之外呢,还要考虑太阳能的转化效率,也就是采集到的能量够不够用,这也和机翼面积有关。所以你们一般看到的临近空间太阳能无人机都是拥有很大尺度的细长的机翼(见图4-20)。翼展比波音747还要大,但质量只有波音747的千分之一左右。它们的飞行速度都很小,一般在50~60m/s左右,这一方面是因为太阳能无人机尺寸大但质量轻,它根本经

不起高速的飞行,另一方面是因为速度太大的话,阻力会很大,正常飞行需要消耗的能量就会很大。但是现在的太阳能转化效率一般只有 20% 左右,是一种弱能量系统,无法维持高速飞行。

图 4 - 20 太阳能飞机

这样细长的机翼带来的特征就是,机翼的三维特性主要取决于翼型的二维特性。什么意思呢?翼型的二维特性就相当于一个无限长的机翼的气动特性,现在机翼越细长,那它就和无限长机翼的特性越接近。所以目前国内外对临近空间太阳能无人机的研究中,主要是对它所采用的翼型进行研究。

基本概念:雷诺数。

这里我们要引入一个概念,一个关键词,就是雷诺数。它的物理意义是用来表述流体运动中惯性力与黏性力之比。如图 4 - 21 所示,简单的解释,就是雷诺数越小,流体黏性作用越明显,雷诺数越大,流体黏性作用越小。

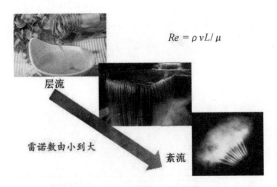

$$Re = \rho vL/\mu$$

层流

雷诺数由小到大

紊流

图 4 - 21 流体的雷诺数

这里放了三幅图,第一幅是常见的食用油,第二幅是水流,第三幅是气体。大家回想一下,做饭倒油的时候,它的流动状态是不是黏成一束,倒水的时候,放低一些,水是一束,放高一些,越往下水流就散开了,气体的话,就是吹一口气,刚出嘴巴是一束,吹出去没多远就散开了。我们把这种有规律的流动叫作层流,因为它内部可以被分割成一层一层的,A 分子和 B 分子就一直沿两个平行线运动永远不会相遇。把这种混乱的流动称为湍流,或者紊流,那么 A 分子和 B 分子运动轨迹会很复杂,两者必然会相遇。然而任何事物历来都是有利有弊的,层流和湍流相比较呢,有规律,阻力小,但是承受扰动的能力不强,也就是说一个排得很整齐的队伍往前走,你在侧面给一个扰动,推一把它就开始乱了,但是湍流就不会,它的抗扰动能力就很强,因为它本来就是混乱的,你给再多的扰动也只是让他继续混乱而已。这样不同的特质对于气流来说很重要。

如图 4-22 所示,高空太阳能无人机的雷诺数一般是在 10 万量级附近,而在这个区间范围,雷诺数对飞机气动性能的影响是十分显著的,这是因为在这个雷诺数范围内飞机表面会产生了一种独有的很有趣的流动结构:层流分离泡。而层流分离泡的一些局部特征对全局气动特性的影响又十分显著。

那么什么是层流分离泡? 层流分离泡是怎么产生的? 是在哪里产生的?

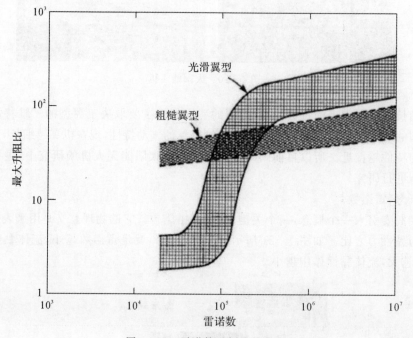

图 4-22 雷诺数对气动的影响

下述我们需要引入一个基本概念——附面层。

基本概念:附面层(见图 4-23)。

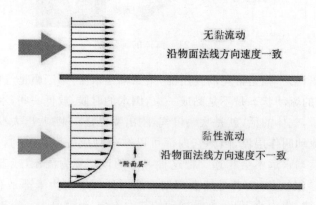

图 4-23 附面层概念

附面层是指气流速度从物面处速度为零逐渐增加到 99% 主流速度的很薄的空气流动层。怎么去理解附面层呢,大家看看这幅图,其实很简单,现实世界再平整的物面在微观上也是凹凸不平的,而且它凹凸不平的尺度远大于空气分子,那么必然会有一部分空气被卡在这些凹槽内,如果没有黏性(分子间作用力),那么所有的空气分子大家都是各走各的路,谁被卡住了对其它分子也不会有什么影响,但是如果考虑黏性(分子间作用力)的作用,那么与它相近的空气分子就会因为吸力而减速,既然你被卡住了那我离你近就必须拉你一把呗,这样一来就会带来这种沿物面法向的速度变化。这个变化过程就被定义为附面层。变化越快,附面层就越薄,那被物面卡主的这些空气分子对外部空气的影响就越小,要是变化越慢,附面层很厚,那它对外部空气的影响就会变强。而前面所说的黏性就是影响这个变化快慢的一个重要因素。

在高空低雷诺数流动中,一个平整物面上的边界层会经历三个过程,首先是层流附面层,前面我们说过层流抗扰动的能力最弱,所以当存在一定的扰动时它就会发生转捩,进而变成紊流附面层。

在把平整的物面换成翼型后,就会形成这种流动结构(见图 4 - 24):首先层流附面层因为抗干扰抗压的能力弱,在 S 点会发生流动分离,就是物面附近的流动会反着流,在这种涡流的扰动下;层流在 T 点处会转捩为紊流;紊流因为能量更丰富,抗压能力更强,它又会在 R 点重新附着在翼型表面上,之后的流动也全是紊流。这个由 S 点经过 T 点再到 R 点的这个涡的结构就叫作层流分离泡,它就像一个气泡存在于附面层内。而 S 点、T 点、R 点的位置这些局部特征对翼型和无人机全局的气动特性影响十分显著。为什么会造成这么显著的影响呢?首先,存在于附面层内的层流分离泡可以被认为是物面的一部分,也就是说在当前雷诺数下,物面形状发生了改变,那它的气动性能当然会发生改变。

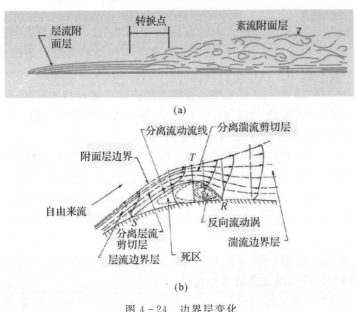

图 4 - 24　边界层变化

(a)平板附面层流动;　(b)翼型层流分离泡的形成

其次,层流分离泡自身也是不断发展和变化的,它的长度、位置、厚度、形态是会不断改变的,如图 4 - 24 中,首先会产生一个短的分离泡,然后它会逐渐变长,成为一个长层流分离泡,最后由于内部涡流的不稳定这个分离泡会破裂。这样反复循环,这也使得翼型的气动性能不断改变。

这里我们就只介绍了二维翼型的流动问题中层流分离泡的发展和变化,当考虑一个机翼绕流时,分离泡问题会更加复杂。

而这种因流动变化带来的气动力变化,以及应该怎么去设计它正是高空低速无人机气动方面一直在研究的热点话题。

4.4　高空高亚音速/中空跨音速无人机的形与力

说完低速部分,我们下面要讲的就都是高速部分了,首先要介绍的是高空高亚声速与中空跨声速无人机的形与力(见图 4-25)。

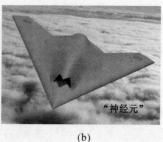

"全球鹰"　　　　　　　　　　"神经元"

(a)　　　　　　　　　　　　　(b)

图 4-25　高空高速无人机
(a)高空高亚音速常规布局　(b)中空跨音速飞翼布局

一般我们把 0.3Ma 以下的都归为低速流动,把 0.3Ma 以上的归为高速流动,这两种流动之间最大的区别就是考不考虑空气的压缩性。一般低速流动不需要考虑压缩性,也就是说我们可以认为大气密度始终不变。但是高速流动就需要考虑压缩性,因为什么呢?大家应该或多或少都了解过,那就是激波。有激波和没有激波的流动完全是两种问题,而激波的产生重要就和飞行速度相关联,也就是说,无人机以 0.6～0.7Ma 飞行的流动问题和设计思路和无人机以 0.8～0.9Ma 飞行的流动和设计思路是大不相同的。

除了激波以外呢,这里我们还需要区分一下中空和高空,一般无人机的飞行速度高,它的特征雷诺数就不会低,所以中高空跨声速无人机一般主要关注的就是激波问题。但是如果是在高空,那么因为大气密度很小必然会存在那么一个速度区间会有低雷诺数问题,那么这时候如果无人机绕流中既存在激波又存在层流分离泡时会怎么样呢?这也是目前气动领域的一个难点和热点话题。

除此之外,这里笔者还想介绍一下飞翼这种布局的无人机,这也是当前很火的一种气动布局。它和常规布局无人机在设计上有何不同?

首先从布局形式上来进行分析(见图 4-26)。常规布局无人机主要是依靠机翼来提供升力,平尾则用于配平机翼绕无人机重心和力矩。那么飞翼和常规布局最大的不同在于它没有独立出来的平尾来配平力矩,那么就需要飞翼自己能够配平自己。这里我们截取两种典型的翼型来对比说明一下。

图 4-26(a)左侧是常规布局无人机常用的常规翼型,图 4-26(b)是飞翼布局无人机常用的反弯翼型,什么叫反弯呢?就是在翼型的后缘有一个明显的向上的拐弯,这与常规翼型弯度方向相反,所以就叫反弯。图里面显示的是压力分布的矢量图。可以看到反弯翼型因为后缘

的弯度变化,它的压力分布和常规翼型有着显著地差异。图 4-27 给出两种翼型的一个气动特性曲线的对比。图 4-27(a)的是升阻比曲线,也就是升力和阻力的比值,显然升阻比越大越好,反弯翼型就是因为后缘反着弯了,根据前面介绍的康达效应,升力自然就会减小,因此升阻比也会变小。图 4-27(b)是俯仰力矩曲线,负值表示低头,正值表示抬头,因为反弯的存在,低头变抬头。这就和跷跷板一样,后面反弯的地方有气流压着它,就会让它抬头。

(a)　　　　　　　　　　　　　　(b)

图 4-26　不同布局的配平方式

(a)常规布局:平尾用于力矩配平;　(b)飞翼布局:力矩自配平

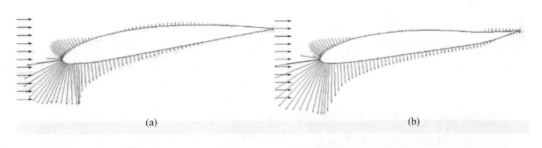

(a)　　　　　　　　　　　　　　(b)

图 4-27　不同翼型

(a)常规翼型;　(b)反弯翼型

　　因此,怎么样在保证升阻比不会降低太多的情况下让低头变抬头就是一个值得去好好研究的气动问题,这也是飞翼布局相对于常规布局设计难点所在。

　　介绍完布局形式带来的不同气动问题后,我们再来介绍一下激波的形成。

　　基本概念:激波。首先需要回答什么是激波?

　　想象你把一块石头扔到水里,就会出现一圈圈的涟漪,也就是石头扰动水面形成了波;同样的,物体在空气中运动的时候也会扰动空气形成波,当波的频率在人耳可以听见的范围就是我们听到的声音。很显然波在空气中的传播速度是有限的,也就是我们常说的声速(见图4-28)。如果飞机飞得很快,达到了声速,它激起的那些波就被飞机本身赶上了,并且堆积起来。换句话说,就是空气分子来不及逃开,被挤压在了一起,形成一张看不见的薄薄的膜,就像这样,当然,为了便于大家理解,也可以画成这样。那么这张膜之后的空气压强很高,而这张膜之前的气流则是正常的来流,这张膜我们称它为“激波”。

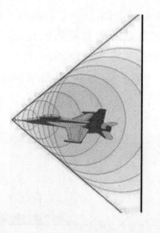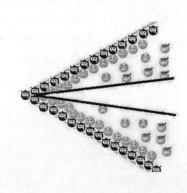

图 4-28 激波

那么问题来了,飞机一定要飞到声速或者超声速才会出现激波吗?

上述我们讲过,翼型它是有厚度有曲率变化的,在它的上下表面会有不同程度的加速,所以当无人机以高亚声速(一般是 $0.65\sim0.8Ma$)或者跨声速(一般是 $0.8\sim1.0Ma$)飞行时,无人机表面局部区域很有可能会因为气流的加速而局部达到超声速,形成局部的激波。

那么激波的形成对于无人机来说会造成哪些影响?

随着激波的形成,会在之前我们讲过的 4 种阻力成分之外,再带来一种阻力,叫作激波阻力,简称"波阻"。

我们说过,激波就是空气分子来不及逃开,被挤压在一起而形成一张看不见的膜,那么要突破这张膜,必须付出一些代价,这个代价就被称为激波阻力。大家常说的音爆就是在突破这层膜时发出的声音(见图 4-29)。

图 4-29 波阻

尽管在高亚声速和跨声速范围内,无人机并没有像图片里的那样在头部就形成激波去穿过,但是激波阻力产生的道理仍然是相通的。

那么从能量的角度出发,空气在通过激波时,受到薄薄一层稠密空气的阻滞,使得气流速度急骤降低,由阻滞产生的热量来不及散布,于是加热了空气。加热所需的能量由消耗的动能而来。在这里,能量发生了转化,由动能变为热能。动能的消耗表示产生了一种特别的阻力。这一阻力由于随激波的形成而来,所以就叫作"激波阻力"。

除此之外呢,我们都知道,飞机这项发明之所以厉害就在于它会飞,如何产生足够的升力才是飞机最初设计的目的。

为此,图 4-30 中,传统的、常规的翼型上表面曲率都需要设计的比下表面曲率大,这样上表面的气流加速更充分,更容易形成大范围的低压区。但是随着飞行速度的增大,翼型上表面就会比下表面更早出现局部的激波。这样就带来了一个问题——升力损失。因为本来翼型上表面整个都是低压区域,而随着激波的产生,翼型表面一部分区域都变成了高压区,这样一来激波之后的翼面就没有存在的意义了,因为它们只会产生负的升力和阻力。为了弥补这个缺点,1967年美国航空航天局兰利中心提出了超临界翼型的思想。它和常规翼型最大的区别就在于:翼型后缘有一个明显的正弯弧度,这和前面反弯翼型刚好相反,同时翼型上表面也变得平坦,通过这种设计能够使得翼型上表面的激波位置靠后且强度变弱,在弥补升力损失的同时降低激波阻力。

基本概念:超临界翼型。

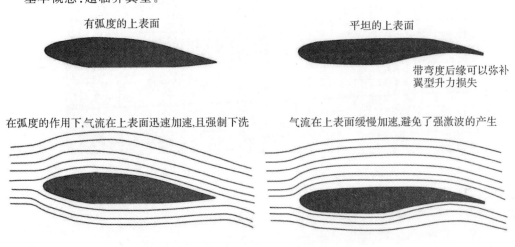

有弧度的上表面　　　　　　　　　　平坦的上表面

带弯度后缘可以弥补翼型升力损失

在弧度的作用下,气流在上表面迅速加速,且强制下洗　　气流在上表面缓慢加速,避免了强激波的产生

图4-30　常规翼型与超临界翼型的特征对比

图4-31所示为0.85Ma下超临界翼型的压力分布。可以很明显地看到翼型上下表面的两道激波,还有激波前后的压力差和温度差。

了解完激波,我们再回过头来讨论一个问题:就是高空高亚声速无人机绕流中既存在激波又存在层流分离泡时会怎么样呢?

这里我只简单介绍一下,因为涉及的概念比较多,感兴趣的同学下去可以自己查查相关的资料。

我们来回顾一下层流分离泡的形成机理。高空的层流边界层抵抗扰动和压力的能力弱,在S点发生分离,之后在T点转捩为紊流,之后流动再附着。我们说过它的位置、强度等对于气动特性的影响十分显著。

而激波也是一样,它的位置和强度等对气动影响也十分显著。那么当二者都存在时会是怎样?凡事都有先后,那激波和分离泡在一起也就会发生两种情况。

(1)就是在翼型上表面先形成了激波,激波前后的压力是变化的,气流由低压向高压流动,很容易产生分离,也就是S点,之后T点转捩、R点流动再附着,也有可能没有R点的附着,后面的流动就全是分离的涡流(见图4-32)。

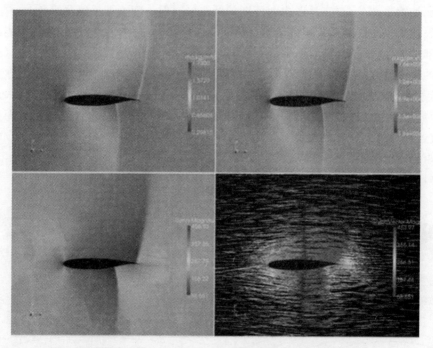

图 4-31　0.85Ma 下超临界翼型的压力分布

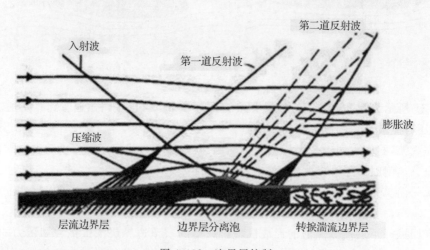

图 4-32　边界层控制

　　(2)就是在翼型上表面先形成了层流分离泡,它就像是翼型上鼓起一个包,让流动迅速加速,然后诱导激波提前发生。这两种情况都是通过设计可以实现的。但是比较有意思的是,无人机气动技术的发展也是分先后的,显然高亚声速/跨声速问题的发展更早些,19 世纪中叶就已经在研究了,那时候很多设计人员已经开始使用鼓包来诱导较弱的激波提前形成从而减阻。而随着高空低雷诺数的高亚声速/跨声速流动问题被摆上桌面后,人们发现分离泡就可以作为先天的鼓包来诱导激波的形成和激波结构的改变。我觉得这也许就是大自然的奇妙之处,毕竟凡事有利就有弊,福祸相依。

4.5　中空超音速无人机的形与力

如图 4-33 所示,最上面的是著名的协和超声速客机,可以看到尖尖的机头和薄薄的机翼,以及水汽在激波面附近由于压强和温度变化凝结成小水滴而形成的液滴云。下面两幅则分别是 SR71 有人机和 SR72 无人机,SR71 可以以 $3Ma$ 飞行,SR72 最大则可以飞到 $6Ma$,这是什么概念呢?它可以说是人类制造的"最快飞机",而且一些著名的地空导弹,如美国的"爱国者"、俄罗斯的 S-400 和中国的红旗-9 甚至都没有办法追上这种飞机,更谈不上拦截或者击落它。

大家有没有发现它们都有一个很明显的共同点?

回想一下我们前面形容激波是一层空气膜,那是不是穿过这层膜最好的形状就是要尖头、细长,只需要在这上面开一个小小的口就可以通过,感觉这样阻力才能最小。

另外呢,既然在这层膜上已经开了一个口,那是不是希望开的这个口不要变得越来越大,或者有突变,最好能顺着气流保持平滑、一致。所以 1953 年科学家就提出了超声速面积律,具体表现在外形上就是图 4-33 中的蜂腰。这些外形上的特征都是为了减小阻力。

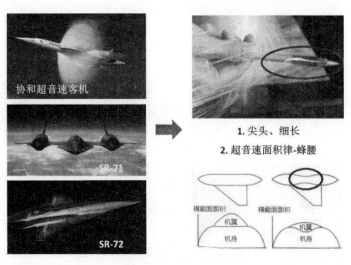

图 4-33　超声速飞行器

说完阻力,再来看看升力。前面我们讲了激波之后是一片高压区域,那对照之前用过的一张图我们来看一下,如果在激波后方全都是高压,那么是不是会带来升力不足的问题?所以为了提高升力,设计人员又发明了利用边条翼产生脱体涡来提高飞机性能的气动设计技术。边条翼就是在机身两侧的薄薄的具有很大后掠角的机翼,在很多具有超声速飞行或者超声速巡航能力的飞机上我们都可以看得到(见图 4-34)。

当然,协和超声速客机也不例外,它机翼这种平滑过渡弯曲的前缘就是一种为了更有利于脱体涡增加升力的外形设计(见图 4-35)。

另外,还有一个很有意思的图可能有人也看到过,就是协和超声速飞机在起飞的时候它的机头会向下偏转。这其实是有人驾驶的超声速飞机一种无奈的举措。因为在起飞的时候需要很大的升力,尽管有了脱体涡来增升但还是不够,所以在起飞的时候就需要飞机整体有一个很大的迎角。但是飞机抬头后驾驶舱的飞行员视线就被机头给挡住了，看不到跑道，所以只能把机头往下偏转一下，让飞行员可以看到跑道，别开出跑道去了。要是无人驾驶当然就不会这样了，这也能从另一个方面回答了为什么说"此时无人胜有人"。还有就是，SR71 也是一样，它 $3Ma$ 的最大飞行速度可能并不是飞机自身的极限，而是飞行员的人体极限，所以后面 SR72 无人驾驶就可以飞到 $6Ma$，这显然就不是一个量级。

图 4-34　边条翼增升

图 4-35　协和超声速客机

4.6　高空高超音速无人机的形与力

上述已经介绍到超声速了，要是还想飞得更快该怎么办？还是先从阻力这方面进行考虑。大家思考一下，飞机的速度比超声速再快一些，激波就会更强，阻力就会更大，需要发动机的推力也就更大，耗油肯定也更快，先不说到底有没有这样大推力的合适的发动机，先说燃油怎么办？有没有足够的燃油来让你使用？或者说同样的飞机你烧油烧得那么快，你可以飞多久？总不能为了装更多的油把飞机做得更大吧？那更大的飞机就会带来更大的阻力，就需要更大推力的发动机和更多的燃油，然后陷入恶性循环。所以首先需要考虑的就是怎么减小阻力？这个时候阻力已经主要来源于激波了，所以也就是该怎么减弱激波强度？那前面说了，激波是空气分子来不及逃开，被挤压在一起而形成一张看不见的膜，那么要减弱这张膜的强度，首先可以做到的就是让机体撞击到的空气分子变少，也就是往高空大气密度低的地方去。现在高度有了，那么剩下的问题就是怎么在更快的时候更强？用稍微专业的话翻译一下，就是怎么在速度进一步增大的时候获得更高的升阻比？所以就需要更大的升力以及更小的阻力。说起来很简单，可是到底该怎么做？

　　这个时候科学家就提出了一种新的想法,让高超声速无人机冲浪以及打水漂(见图4-36)。冲浪就是乘波体,而打水漂是由钱学森提出来的,叫作钱学森弹道。

　　乘波体,就是字面意思,乘波,乘坐激波,因为激波代表了高压,那利用外形设计让激波主要集中在无人机的下表面,是不是就会产生足够的升力(见图4-37)。就想坐着飞毯一样。这种飞行器上表面完全是跟飞行方向平行的,没有额外阻力,而机体前缘又紧紧地贴着激波,这样激波后边的高压空气就不会跑到飞行器上边去了。所以这样的飞行器水平飞行的时候也能有不小的升力,而阻力在这个时候却并不大! 这也是对前面说过的任何事情都有利有弊的印证,形成激波一定是坏事吗? 那也不见得。

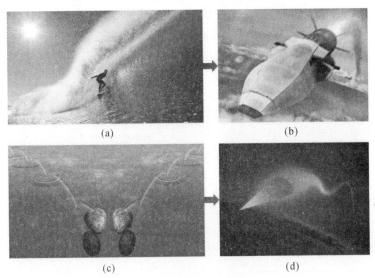

图 4-36　乘波体与钱学森弹道
(a)冲浪;　(b)乘波体;　(c)打水漂;　(d)钱学森弹道

图 4-37　乘波体飞行器

　　而钱学森弹道,就更容易理解了,利用大气层内外的压力差、密度差,以打水漂的方式滑翔去增加航程(见图4-38)。最为广大中国军迷所知晓的DF21反舰导弹就是"钱学森弹道"应用的实例。虽然现在多数是用在导弹上,但是这也是高超声速无人机形与力的一个很好体现。

　　至此,无人飞行器的形与力这一节内容已经结束,通过对多种无人机形与力的学习可以发现,随着无人机高度和速度的改变,它的力学问题的关键总是在改变。但是我希望大家能够认清楚一件事,就是任何存在都是有理的,而任何存在也都是有利有弊的。人们不喜欢阻力也仅仅是因为阻力带来了消耗,但是如果没有阻力,那飞机也就没办法再去飞行了。

　　最后,欢迎大家在以后的日子里学习航空,学习气动,期待未来哪一天能和你们一起探索无人机的形与力。

图 4 - 38　钱学森弹道飞行器

第5章 设计与工具

5.1 莱特兄弟与哥伦布

作为飞行时代的开创者,和哥伦布发现新大陆一样,莱特兄弟的成功也绝不是偶然的。他们的成功有人文、精神层面的因素,更是科学和技术的胜利。毕竟任何事物都不是凭空出现的,就像哥伦布能够发现新大陆一样,技术发展积累产生的设计和生产工具的进步在其背后的推动意义可能更加巨大,毕竟哥伦布也不是靠游泳发现新大陆的。

图5-1所示为哥伦布出发时,赖以指导策划西航的海图类助航工具,一只托勒密式地球仪,一幅世界地图以及一套航海器材和他的三桅帆船。托勒密地球仪是1 400年前的克罗狄斯·托勒密(Claudius Ptolemaeus)根据"地圆说",并由他提出了曲线投影法绘制的地球仪,虽然托勒密在书中提供了方法,但托勒密是否真的制作过地球仪仍存争议,哥伦布手里的托勒密地球仪是当时古董商们的自制品,其有多少可信度可想而知。

托勒密地球仪

三桅帆船

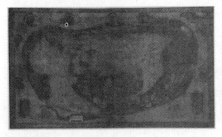
15世纪的世界地图

航海四分仪

图5-1 哥伦布西航的海图类助航工具

而这副世界地图上标明了亚洲、非洲和欧洲的位置,但并没有标出美洲。目前为止,研究者已发现了地图上标注的海上航线,这很可能是哥伦布参考过的地图之一。该图基本上凭主观推测信手勾勒成的,对于哥伦布远航也无法提供有效的帮助。当时西方绘在羊皮纸上的航用海图,只是对已知海域(如地中海、北海、阿拉伯海、波斯湾、非洲沿海等)有所描绘,而对大西洋、太平洋这样重要而广阔的水域几乎一无所知。哥伦布之所以能毅然西航,关键在于对地圆说的坚信不疑,而不在于有无实用的全球性大洋海图。

在人类文明史上,地圆说曾是一种古老而新奇的誓言。早在公元前 6 世纪,古希腊的泰勒斯、毕达哥拉斯即提出了地圆说。到公元前 250 年左右,亚历山大城的埃拉托色尼又绘出了带有经纬度的世界地图,计算出与今值颇合的地球最大周长。哥伦布通过运算得出结论:从西向东直航距离不过是 2 400 海里(而事实上是 10 600 海里)即可到达印度。于是他绝对自信地提出了西航中国的计划。

依据宏观的地理概念与粗略乃至错误的世界地图,便决策西航,驶向辽阔的未知的大洋水域,这在 15 世纪末的欧洲航海探险中具有典型的传奇色彩。然而,在计划航线的具体设计中,我们却不止一次地发现了蕴藏在哥伦布身上的严谨务实精神。

由于当时没有能正确测定海上经度的天文钟,因此,哥伦布只能与其它海员一样,采用所谓"等纬度航法",即先往南或往北航行,找到目的地的纬度,然后再东行或西行驶向目的地;其第一次航行选择的地点出发地点就是日本的维度,同时他根据非洲海岸信风的情况详细地研究了可能的航向风向并做了详细的准备工作。

地球上要准确地表示一个船位需要有经度与纬度两个坐标值。从航海技术史角度考察,虽然在 15 世纪末通过四分仪进行天文定位测天求得大略的海上纬度技术上已经非常成熟,但在确定经度方面仍存在很大的问题,建造技术等等问题的存在也极大地影响了航海的安全。

15 世纪前后是欧洲南北海域帆船建造技术相互融合的重要时期。欧洲南部的地中海沿岸诸国有着悠久的造船历史,经过千年的发展又吸收接受东亚和阿拉伯造船技术,此时其造船工艺技术已经非常先进。哥伦布使用的三角帆船适于逆风航行,其航向航行性能非常好,能够满足远航的需要。

观察图中哥伦布手里的这 4 件物品其实多么有象征意义啊,地圆说和托勒密的地球仪为远航提供了理论的支持,过去的航海图代表了先驱者们克服困难获得的成果,那黑色的未知的海域等待着人们去探索,三角帆船和四分仪代表着已有的技术和工具,他们等待有人驾驭开启新的远航,去发现全新的世界。

那么,作为新时代的哥伦布,莱特兄弟的飞机是在哪些基础上出现的呢?

5.2　19 世纪前航空先驱者们使用的工具

我们首先介绍 19 世纪前航空先驱者们发现的理论和使用的工具,以此来探讨在飞机出现之前前人都做了哪些工作。

飞机能够飞行首先依赖空气动力学的发展。在飞机诞生以前,有关空气、水等流体力学的研究已取得了丰硕成果。早期流体力学从牛顿开始研究,他使用微分方程和试验测量进行流体运动定量研究,此阶段一般称为早期流体力学研究。1687 年,牛顿首先做了最简单的剪切流动试验。他的试验如图 5-2 所示,在平行平板之间充满黏性流体,平板间距为 d,下板 B 静止不动,上板 C 以速度 U 在自己平面内等速平移。由于板上流体随平板一起运动,因此附在上板的流体速度为 U,附在下板的流体速度为零。1687 年,他用摆和垂直落球在水和空气中进行了绕流阻力试验。此时的试验工具非常简单,但毕竟定性地发现了很多流体力学的基本原理,开启了流体力学理论研究的序幕。

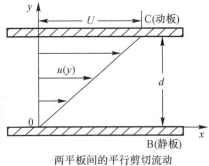

两平板间的平行剪切流动

图 5-2　牛顿与剪切流动试验

柏努利(Bernoulli,1700—1782 年,瑞士)在 1738 年出版的名著《流体动力学》中,首次将能量守恒应用到流体中,试验验证了流体中的能量守恒,建立了流体位势能、压强势能和动能之间的能量转换关系——伯努利方程(见图 5-3)。在此历史阶段,诸学者的工作奠定了流体静力学的基础。柏努利家族最早提出积分的概念在数学、天文学、潮汐等方面做出了突出贡献。

适用条件:　　　　　　　　　　伯努利方程
　　无粘
　　不可压缩　　　　　$p+\dfrac{1}{2}\rho v^{2}+\rho gh=$常数
　　缓变
　　重力　　　　　动能+重力势能+压力势能 = 常数
　　沿同一流线

图 5-3　伯努利与 Bernoulli 方程

Bernoulli 方程表明,对于理想流体,其位能、压力能和动能可以互相转换,但总和不变。Bernoulli 方程为能量守恒方程在理想液体中的应用或表现形式。这一理论奠定了试验流体力学的基础。

1732 年,法国工程师皮托发明了一种测量流体中总压的装置,即皮托管,皮托管是测量气流总压和静压以确定气流速度的一种管状装置。严格地说,皮托管仅测量气流总压,又名总压管;后来 1905 年世界流体力学大师普朗特将其发展成为可同时测量流体总压和静压的装置,建立了普朗特风速管,也叫皮托管测速仪。同时测量总压、静压的才称风速管,但习惯上多把风速管称作皮托管(见图 5-4)。

意大利物理学家文丘里发明了一种测量流体压差的装置,命名为文丘里管(见图 5-5),其是先收缩而后逐渐扩大的管道。通过测出其入口截面和最小截面处的压力差,用伯努利定理即可求出流量。其解决现行工业企业中低压、大管径,低流速各类气体流量精确测量。它是测量范围宽、安装方便的流体测量装置。其独特的结构设计及数据处理方法具有严格的流体力学依据,可广泛用于石油、化工、冶金、电力等行业大管径流体的控制与计量,并在国家大型重点风洞试验室进行实流标定。

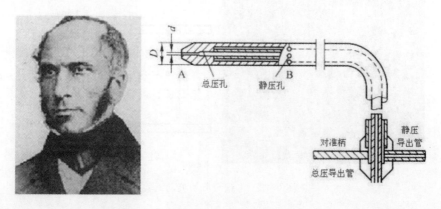

图 5-4　皮托和皮托管原理

图 5-5　文丘里和文丘里流速管

　　1775 年，著名数学家欧拉，在《流体运动的一般原理》一书中根据无黏性流体运动时流体所受的力和动量变化从而推导出了一组方程（见图 5-6）。

　　这是属于无黏性流体动力学（理想流体力学）中最重要的基本方程，是指对无黏性流体微团应用牛顿第二定律得到的运动微分方程，它描述了理想流体的运动规律，奠定了理想流体力学基础。

$$\rho \frac{Du_j}{Dt} = -\frac{\partial p}{\partial x_j} + \mu \frac{\partial^2 u_j}{\partial x_i^2} + \rho f_j$$

$$\rho \frac{Du_i}{Dt} = -\frac{\partial p}{\partial x_i} + \rho f_i$$

$$\rho \frac{D\bar{u}}{Dt} = -\nabla p + \rho \bar{f}$$

图 5-6　欧拉和欧拉方程

　　黏性流体是指黏性效应不可忽略的流体。自然界中的实际流体都是具有黏性,所以实际流体又称黏性流体,是指流体质点间可流层间因相对运动而产生摩擦力而反抗相对运动的性质。

　　1821 年,著名工程师纳维推广了欧拉的流体运动方程,考虑了分子间的作用力,从而建立了流体平衡和运动的基本方程。方程中只含有一个黏性常数。1845 年,斯托克斯从连续流的模型出发,改进了他的流体力学运动方程,得到有两个黏性常数的黏性流体运动方程的直角坐标分量形式,这就是后世所说的纳维-斯托克斯方程(见图 5-7)。

纳维

斯托克斯

图 5-7　描述流体运动的纳维-斯托克斯方程

　　可以说纳维-斯托克斯方程(简称"N-S 方程")是众多科学家和工程师的推动下产生的,是一组描述像液体和空气这样的流体物质的方程。这些方程建立了流体的粒子动量的改变率(力)和作用在液体内部的压力的变化和耗散黏滞力(类似于摩擦力)以及引力之间的关系。这些黏滞力产生于分子的相互作用,能告诉我们液体有多黏。这样,纳维-斯托克斯方程描述作用于液体任意给定区域的力的动态平衡,这一方程已经可以描述绝大部分流体力学问题,具有极为重要的意义。

　　然而 N-S 方程是一个非线性偏微分方程(见图 5-8),其求解非常困难和复杂,目前只有在某些十分简单的流动问题上能求得精确解;但在有些情况下,可以简化方程而得到近似解。在一个只有简单计算工具的时代,几乎无法对 N-S 方程进行数值求解,虽然理论上 N-S 方程能够解决大部分的流体力学问题,但在那个年代,N-S 方程还不具备指导实践的意义。

常黏度条件下不可压缩流体的N-S方程:　μ=常数

ρ=常数

$$\rho\left(\frac{\partial u}{\partial t}+u\frac{\partial u}{\partial x}+v\frac{\partial u}{\partial y}+w\frac{\partial u}{\partial z}\right)=f_x-\frac{\partial P}{\partial x}+\mu\left(\frac{\partial^2 u}{\partial x^2}+\frac{\partial^2 u}{\partial y^2}+\frac{\partial^2 u}{\partial z^2}\right)$$

$$\rho\left(\frac{\partial v}{\partial t}+u\frac{\partial v}{\partial x}+v\frac{\partial v}{\partial y}+w\frac{\partial v}{\partial z}\right)=f_y-\frac{\partial P}{\partial y}+\mu\left(\frac{\partial^2 v}{\partial x^2}+\frac{\partial^2 v}{\partial y^2}+\frac{\partial^2 v}{\partial z^2}\right)$$

$$\rho\left(\frac{\partial w}{\partial t}+u\frac{\partial w}{\partial x}+v\frac{\partial w}{\partial y}+w\frac{\partial w}{\partial z}\right)=f_z-\frac{\partial p}{\partial z}+\mu\left(\frac{\partial^2 w}{\partial x^2}+\frac{\partial^2 w}{\partial y^2}+\frac{\partial^2 w}{\partial z^2}\right)$$

图 5-8　N-S方程的一种表达形式

17 世纪,欧洲出现了利用齿轮技术的计算工具(见图 5 - 9)。1642 年,法国数学家帕斯卡(Blaise Pascal)发明了帕斯卡加法器,这是人类历史上第一台机械式计算工具,其原理对后来的计算工具产生了持久的影响。帕斯卡加法器是由齿轮组成、以发条为动力、通过转动齿轮来实现加减运算、用连杆实现进位的计算装置。帕斯卡从加法器的成功中得出结论:人的某些思维过程与机械过程没有差别,因此可以设想用机械来模拟人的思维活动。

19 世纪初,英国数学家查尔斯·巴贝奇(Charles Babbage)取得了突破性进展。巴贝奇在剑桥大学求学期间,正是英国工业革命兴起之时,为了解决航海、工业生产和科学研究中的复杂计算,许多数学表(如对数表、函数表)应运而生。这些数学表虽然带来了一定的方便,但由于采用人工计算,其中的错误很多。巴贝奇决心研制新的计算工具,用机器取代人工来计算这些实用价值很高的数学表。

1822 年,巴贝奇开始研制差分机,专门用于航海和天文计算,在英国政府的支持下,差分机历时 10 年研制成功,这是最早采用寄存器来存储数据的计算工具,体现了早期程序设计思想的萌芽,使计算工具从手动机械跃入自动机械的新时代。

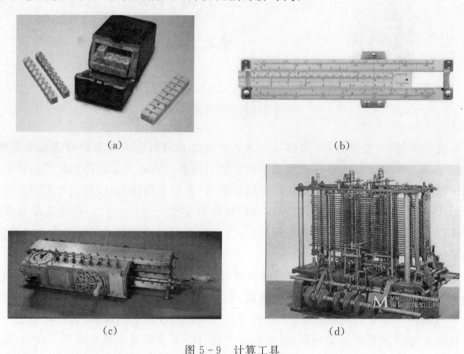

(a)   (b)

(c)   (d)

图 5 - 9 计算工具

(a)皮纳尔算筹; (b)对数计算尺; (c)帕斯卡加法器; (d)巴贝奇差分机

1832 年,巴贝奇开始进行分析机的研究(见图 5 - 9)。在分析机的设计中,巴贝奇采用了3 个具有现代意义的装置:

(1)存储装置:采用齿轮式装置的寄存器保存数据,既能存储运算数据,又能存储运算结果。

(2)运算装置:从寄存器取出数据进行加、减、乘、除运算,并且乘法是以累次加法来实现,还能根据运算结果的状态改变计算的进程,用现代术语来说,就是条件转移。

(3)控制装置:使用指令自动控制操作顺序、选择所需处理的数据以及输出结果。

巴贝奇的分析机是可编程计算机的设计蓝图,实际上,我们今天使用的每一台计算机都遵循着巴贝奇的基本设计方案。但是巴贝奇先进的设计思想超越了当时的客观现实,由于当时的机械加工技术还达不到所要求的精度,这部以齿轮为元件、以蒸汽为动力的分析机一直到巴贝奇去世也没有完成。

　　机械计算机的出现,确实让人们感到惊讶,但在许多专业人士看来,它们并没有这么神奇。因为只会简单的加法计算,即使经过后期的改进,也只不过达到了小学生的计算水平,只能进行简单的加、减、乘、除运算,而对于函数,开方等复杂运算,机械计算机就显得无能为力了。直到 20 世纪 70 年代,工程师的计算工具仍主要依赖计算尺。计算尺的出现,还要得益于对数的研究,依靠对数,人们可以对乘除法简化成加、减法进行运算,当然这中间有误差存在,但是计算尺的精度足够高,结果还是能满足人们需求的。如果再有点数学知识和计算能力,还可以计算比例,导数等。

　　同时,空气动力学的研究进入了一个新阶段,在这个阶段空气动力学的发展出现了两个分支——理论分析和试验研究,在这两方面进展都不大。在这一阶段,大家对飞行器受力的认识仍然停留在牛顿正弦法则的阶段(见图 5-10),虽然很多科学家对鸟的飞行进行观察后从直觉上感觉对不上,对这一结论仍无法提出质疑。如果飞行遵循牛顿力学法则,那么我们现在的飞机会是什么样子呢?

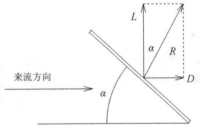

图 5-10　牛顿正弦法则

　　在 17 世纪末期,这方面的理论有了突破性的进展,在 1673—1690 年,法国人马里奥特和荷兰人克里斯蒂安·惠更斯进行了两组相互独立的试验,这些试验都清楚地表明了物体受力与流体速度的平方关系,也就是说如果速度加倍,空气动力将是原来的 4 倍。与之前一个时代的踌躇不前相比,空气动力学终于有了微小的进步。从现代空气动力学的角度看,这条定律最有意义的就是从理论上证明了空气动力与以下因素成正比:流体密度的一次方,物体的迎风面积(也就是参考面积)的一次方,运动速度的平方(见图 5-11)。虽然仅仅是简单的比例关系,但是却对后面的飞机设计和理论研究有巨大的推动作用。

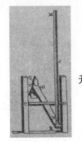

速度平方法则下的
升力计算公式:

$$L = \frac{1}{2}\rho v^2 \cdot S \cdot C_L$$

图 5-11　马里奥特用来测量物体在流体中受力的装置

　　而在这一时期,罗宾斯完成了最有意义的一系列试验。他对空气动力学的贡献主要集中在他发明的两种试验装置,一种是测量低速情况下测量空气动力的旋转臂,另一种是在高速情况下的气动力的冲击摆(见图5－12)。

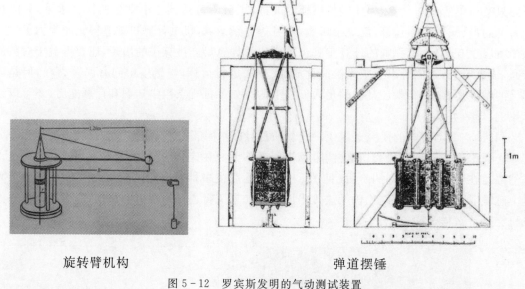

旋转臂机构　　　　　　　　　　　　　　弹道摆锤

图5－12　罗宾斯发明的气动测试装置

　　旋转臂的工作原理是将要测量的物体固定在悬臂的末端,当悬臂以一定的速度旋转起来时,从所加的驱动力 P 就可以换算出物体所受的阻力。

　　弹道摆锤最早在1742年发明,其主要用来测量弹丸的出口能量的装置,基本上是一个摆锤,对其射击后,测量摆锤移动距离及升高的高度,利用动量定理可以测得弹丸的动能。这样就可以反推弹丸的速度,进而用来研究飞行中的物体。

　　旋转臂机构的发明对于空气动力学的研究具有划时代的意义,在当时普遍认为飞行阻力和飞机的投影平面形状有关,与形状关系不大,罗宾斯首次通过试验证明投影面积相同但形状不同的两个物体的阻力是不同的,同时使用弹道摆锤,罗宾斯还证明当物体飞行速度接近声速时,空气阻力会大大增加,在那个年代,只有子弹和枪弹的速度能够超过声速。

　　罗宾斯悬臂机使用了很长的时期。不过它有一个缺点,就是在悬臂旋转了一些时间之后,空气或水会随着悬臂一同旋转,这样会使试验的精度大受影响。

　　既然在空气中物体所受的力只和物体与空气的相对速度有关,于是就可以让空气运动而物体固定来测量物体所受的力。以此模拟实际运动中的各种运动状态,获取试验数据。这就是原始的风洞的想法。最早的风洞是为了研究物体在空中飞行时所受的升力与阻力的需要来设计的,也就是为了早期设计飞机所需要来设计的。

　　最早的风洞可以追溯到1871年,英国人韦纳姆用它来测量物体与空气相对运动时受到的阻力(见图5－13)。韦纳姆的风洞结构非常简单,一个长3.05m两端开口的木箱,截面45.7cm×45.7cm,木箱的一端安装有风扇向外吹风。中间的一个支杆上安装试验件,用弹簧秤测量气动升力。这个风洞虽然简单,而且存在不少问题,但它开创了空气动力学试验研究设备的新时代。

这样我们可以看到,在 19 世纪以前,航空先驱者们已经研究的问题包括流体的压力,物体在空气中运动的升力和阻力,流体流速与压力的关系等,得出的相关定律等。在进行空气动力学研究的同时,也发明了悬臂机、风洞等试验装置,并得到初步改进。通过研究,科学家还发现了许多与升力有关的重要现象,在此基础上,航空先驱者们向天空发起了一次又一次的挑战(见图 5-14)。

图 5-13　最早的风洞:韦纳姆风洞

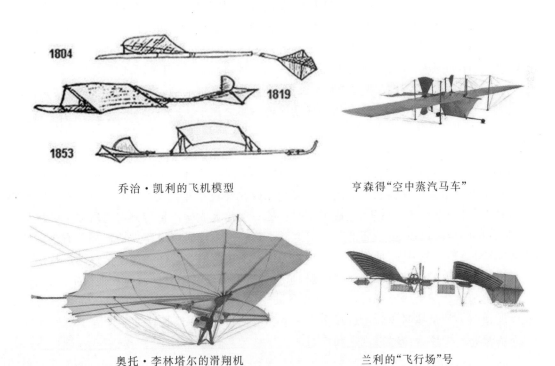

乔治·凯利的飞机模型　　　　　　亨森得"空中蒸汽马车"

奥托·李林塔尔的滑翔机　　　　　　兰利的"飞行场"号

图 5-14　先驱者们的飞行器

1799 年,英国工程师乔治·凯利爵士研究并掌握了飞行的基本规律,并用这一科学来设计比空气重的飞行器,年仅 26 岁的凯利设计出几乎已具备现代飞机主要部件的飞行器草图,他把这个草图刻在一个小银盘上。小银盘的一面刻着机翼上各种作用力的说明,另一面刻着飞机草图,这个银盘现藏于伦敦科学博物馆。这架滑翔飞行器甚至带有上反角的机翼、尾翼和机身,颇具现代气息。

1843 年,乔治·凯利的粉丝 W.S.亨森和约翰·斯特林费洛研制了世界上第一款滑翔机,并设计了空中蒸汽马车。

1894 年,奥托·李林塔尔驾驶着自己的滑翔机成功滑翔,他的成功也改变了社会大众和科学界对于飞行器的看法。他所设计的"标准设备"被认为是最早批量生产的飞行器,至少制造了 9 架。

英国航空先驱佩尔西·皮尔彻在 1895 制造了一架悬挂滑翔机。

也许你听过,美国第一艘航空母舰"兰利号",美国兰利空军基地和国家航空航天局兰利研究中心的大名。那么,兰利究竟是何方神圣,为何诸多美国军事设施均以兰利命名呢?

塞缪尔·兰利几乎要替代莱特兄弟的地位,在 1903 年,他的"飞行场"号两次利用弹射器从漂浮在波托马克河上起飞,但都以失败告终,受到媒体冷嘲热讽,再加上政府财政支持的取消,他选择了放弃。后来人们证明兰利的飞机设计是成功的,只是未能把飞行试验进行下去。他离成功仅一步之遥。

既然凯利在 19 世纪初就确立了飞机研制的正确方向,但在近一个世纪的时间,飞机探索者为什么没有发明成功飞机呢?原因是多方面的。首先,航空理论,特别是关于升力理论研究明显滞后。其次,先驱者们大都轻视理论,急于求成,单凭经验进行飞机设计。第三,缺乏系统思想,没有把飞机研制作为一个整体看待,单求升空的心理过重。第四,许多先驱者没有认识到稳定与操纵的重要性,有关研究也相对不足。第五,实用的轻型航空发动机尚未问世。但是,经过近百年的努力,飞机发明已打下了良好的基础,包括定翼思想得到广泛接受,飞机结构布局已经建立,稳定理论和操纵方法基本确立,升力理论已现端倪,风洞试验技术正在完善,内燃机技术正逐渐成熟。我们距离最后的成功已经一步之遥了。

5.3 莱特兄弟的飞机设计

时代把机会留给了莱特兄弟。美国的莱特兄弟在经过数年的努力,终于研制成功人类第一架有动力、可操纵的载人飞机,完成了航空史的一项伟大成就。莱特兄弟之所以能够取得成功,除了时机已经成熟外,更重要的是他们遵循了正确的飞机研制道路。莱特兄弟有丰富的机械设计经验,动手能力很强,他们把飞机研制当作一项极为困难的任务循序渐进地进行。他们有效地运用了前人的研究成果并加以鉴别,结合了自己的空气动力学研究。他们把理论、设计和试验完善地结合起来,最终取得了成功。最初,他们没有奢望发明成功飞机,而是努力解决飞机发明道路上的某些问题。通过对多架风筝和滑翔机的研究,他们完全弄清了一架成功的飞机所应具备的三要素:升举、推进和控制。

1900 年,美国的莱特兄弟建造了一个风洞(见图 5-15),截面 40.6cm×40.6cm,长 1.8m,气流速度 40~56.3km/h。为他们成功地进行世界上第一次动力飞行奠定了基础。1901 年,莱特兄弟又建造了一个风速 12m/s 的风洞,继续为他们的飞机进行有关的试验测试。他们总结了前人风洞试验的经验,并创新性的发明了升力天平,他们对超过 200 种以上的翼型和机翼进行了测试,获得了非常权威和实用的气动数据,这些数据为莱特兄弟的飞机设计提供了依据。再加上此时发动机的进步,动力飞行已经水到渠成了。

我们发现莱特兄弟的飞机由两片结构外形完全相同的上、下机翼,由垂直支撑柱和对角线拉力钢绳连接,机翼前、后梁和垂直支撑柱是杉木制连续梁;翼肋有松木制成,机翼蒙皮以粗棉布包覆,再以钉地毯的扁头钉把布固定在翼肋上。此时飞机结构的设计更多的参考飞艇结构,更多地考虑减重的设计(见图 5 - 16)。

图 5 - 15　莱特兄弟的飞机设计
(a)莱特兄弟的滑翔机；　(b)莱特兄弟的风洞；　(c)风洞中的天平；　(d)"飞行者"的发动机

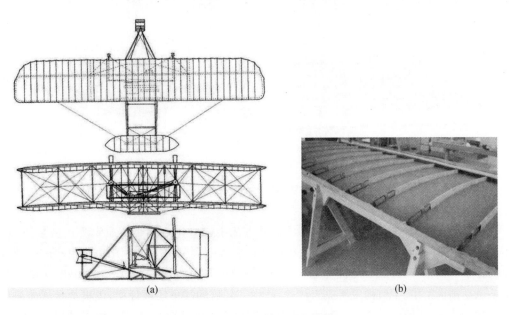

图 5 - 16　莱特兄弟的飞机结构
(a)"飞行者"的结构；　(b)"飞行者"的机翼结构

5.4　第一次世界大战前的飞机生产

从莱特兄弟发明飞机到第一次世界大战前的 11 年,其实飞机的用处并不是很大。虽然欧美也兴起了飞机研制的高潮,但此时的飞机仍然是很简陋,并不广为人知。当时,飞机的研制大多由私人作坊进行,由于发展时间较短且需求不足,在飞机的气动设计上没有较大的突破,其进展仍非常缓慢。飞机还没有结构设计的概念,这些飞机完全用木头、钢丝和帆布等制造,生产的飞机和生产家具、自行车没有什么区别。而这种生产方案一直延续到第一次世界大战开始,这些生产使用的工具也没有什么特别的,你可以在以前任何一个老木匠那里凑齐(见图5-17)。

图 5-17　第一次世界大战前的飞机生产

5.5　凭经验和直觉的设计:双翼飞机时代

飞机发展的一个分水岭就是在第一次世界大战中的应用。到第一次世界大战爆发,尽管航空兵还处于相当幼稚的时期,但是,飞机已经在实践中显示出了它非凡的作用和广阔的发展前景。在第一次世界大战中,飞机大规模用于军事目的,最初主要用于侦察和照相,飞机上的武器装备也逐渐由手枪、手榴弹发展成为机枪、炸弹。其后的战争实践证明,飞机的参战使战争的整个作战样式、战场面貌发生了根本性改变。人类的残杀也从地上、海上一下子飞到了空中。

在这个时期最令人印象深刻的飞机就是双翼机。在这个时期,双翼机的设计仍然极度依赖经验和直觉。虽然当时已经有了风洞,但风洞研究仍不支持整机气动试验,而双翼机的缩比模型的风洞试验结果长期以来存在准确性较差的问题,飞机设计最常见的方法是在一个型号的基础上不断升级改进,以解决出现的问题(见图 5-18)。

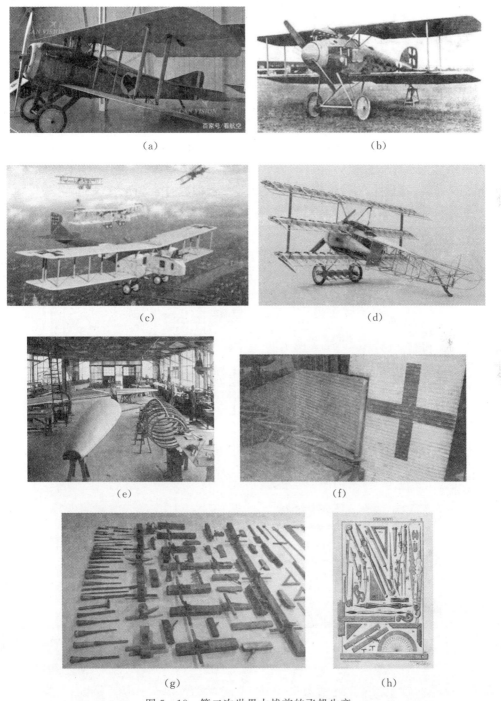

（a）　　　　　　　　　　　　　（b）

（c）　　　　　　　　　　　　　（d）

（e）　　　　　　　　　　　　　（f）

（g）　　　　　　　　　　　　　（h）

图 5-18　第二次世界大战前的飞机生产

（a）法国斯帕德战斗机；　（b）德国信天翁战斗机；　（c）德国哥达式轰炸机；　（d）典型的一战飞机结构；

（e）硬壳机身；　（f）波纹蒙皮；　（g）制作工具；　（h）绘图工具

在第一次世界大战结束时,飞机的飞行性能已有显著的提高,飞行时速由 80～115km 提高到180～220km,升限由3 000～5 000m提高到8 000m,航程增大到440km。由于旺盛的需要,飞机的研究、设计、制造和驾驶有了明确的分工。航空已从个人的活动发展到有组织的集体活动,许多国家建立了专门的航空科学技术研究机构和航空工业。飞机的结构和动力装置都有较大的改进。

5.6 走向成熟:第二次世界大战飞机设计生产的工具

第二次世界大战时期,这一切出现了巨大的变化。在整个第二次世界大战期间,主要国家飞机产量:美国262 524架,英国124 164架,德国140 885架,苏联144 183架,日本62 036架,意大利13 371架,不仅数量如此巨大,质量的竞赛也已经出现,通常几个月就会出现一个型号,这除了对主要参战国生产能力的考验外,也对主要参战国的设计能力提出了巨大的考验。此时,各个主要参战国的飞机公司设计室里,这样的场景必然是通宵达旦的出现(见图5-19)。

图5-19 第二次世界大战期间飞机设计

由于军事上的需求,第二次世界大战期间主要参战国的航空基础设施也出现建设高潮。图5-20所示为1931年5月27日,全球首个全尺寸风洞在弗吉尼亚州汉普顿附近的兰利研究中心投入使用,其试验段截面大小是宽18.28m(60ft)、高9.144m(高30ft),被用于从第二次世界大战战斗机、太空舱到潜水艇、现代喷气机的各种空气动力学测试。

图 5-20　第二次世界大战时期建设的风洞

在这当中贡献最大的是两位美国空气动力学家——雅可比和西奥多森。而这两位空气动力学家应用的方法正是由俄国力学家茹科夫斯基构建的那套复变函数分析法。值得一提的是,西奥多森是一位非常有魅力的科学家,他不仅能够完成最有难度的理论研究,又能够将自己的研究成果应用于美国国家航空咨询委员会的实际需求。同时西奥多森的研究也是非常有自己风格的,他致力于找到翼型压力分布的精确解而不是近似解。而他的研究成果(空气动力、翼型颤振和相对论)对现在的研究工作者依然有所启示。而这些理论探索和工程实践最终促成了应用最广泛的 NACA 翼型族(见图 5-21)。

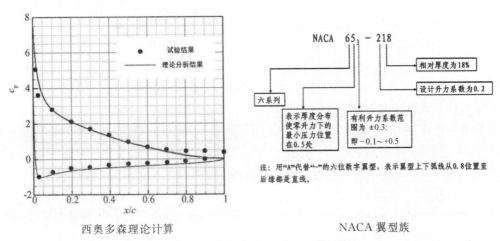

图 5-21　西奥多森和 NACA 翼型族

5.7 飞速发展：风洞建设的高潮

到第二次世界大战结束，在这个时期，飞机的结构设计和生产实际上和汽车没有多大的区别，其最大的区别在于能够在天空中飞行，这就使对飞机的空气动力学特性的研究显得非常重要，在第二次世界大战结束后，随着冷战的开始，军备竞赛的产生使对空气动力学的研究不仅没有停止，反而获得了很大的发展，大量风洞开始建设。

此时的风洞，其实只有大国或者立志成为大国的国家才有需求，中等国家抑或者是小国，根本没有这种需要(只能想想)。而且随着时代的发展，风洞分为很多类型，按风速分可以分为低速风洞、跨声速风洞、超声速风洞和高超声速风洞等，按其它类型分，还有加热风洞、结冰风洞等等，总之就是为了模拟物体的实际运动状态和环境，获取参数和试验信息，达到验证技术和分析特征的目的(见图 5 - 22)。

图 5 - 22　形形色色的风洞

风洞必须拥有完整的体系，也就是要有各种类型的风洞，如果只建设一两个风洞或者一种类型的风洞，则根本没有用处。除非你能像欧洲国家那样，这个国家建设几个，那个国家建设几个，然后凑出一个完整体系。或者像美国盟国一样，有需要，花钱拿到美国去做风洞试验(这样会造成一些机密信息的泄漏)(见图 5 - 23)。

建设风洞的成本和技术就不说了，光说运行风洞就不是一般国家能够承担的，飞机设计需要长年累月的风洞试验来积累数据，这些数据是试验的宝库，是以后分析、模拟、对比的基础，但是大量的模拟分析试验工作很可能 90% 都是白做的，真正有用的数据和试验不到 10%，这试验成本就可想而知(见图 5 - 24)。

风洞体系的存在，很有可能存在建得起，用不起的问题。一个完整的风洞体系建立起来都是百亿美元起步，况且大型风洞运行起来就是"用电大户"，有些风洞甚至专门配套了发电站和水库。风洞这种装备，又贵、技术门槛又高，只有大国强国才建得起、用得着、玩得转。

风洞测试仪器是用以测量风洞气流特性和气流作用于模型上的各种气动参量的装置。早期的风洞仅作静态试验,被测参量项目少,量值小,量程也窄,多采用表盘式仪表或光学定性分析仪器。从 20 世纪 60 年代起,原有的风洞被用来做动态试验,新型风洞又不断投入使用,被测参量项目急剧增加,风洞试验技术和测试仪器也随之发生重大变化:从单项测量到综合性测量,从静态到动态,从宏观到微观,从定性分析过渡到定量测量,等等。因此,要求风洞测试仪器具有灵敏度高、分辨率高、响应时间快、可靠性好、抗过载能力以及抗冲击和电磁场干扰能力强、防震性能好、测量范围宽和精度高等特点。此外,仪器还应尽可能满足以计算机为中心的自动采集、检测、控制和处理系统的要求(见图 5 - 25)。

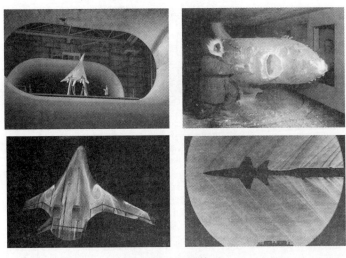

图 5 - 23　风洞体系 1

图 5 - 24　风洞体系 2

　　风洞测试仪器按是否与被测对象接触,可分为接触式和非接触式两类,按照测试内容可以分为气动力和力矩测量仪器,压力测量仪器,温度、热流和总焓测量仪器,流场密度与密度变化测量和显示仪器,气流速度测量仪器和巡回检测装置。

温度传感器

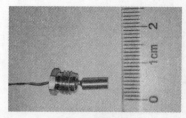

压力传感器　　　　　　　　纹影仪　　　　　　　　　　静压管

图 5-25　风洞测试传感器

　　直接测量风洞中作用于模型上的气动力和力矩的装置主要是风洞天平。通常天平设计成测量直角坐标系中沿三个轴的力和绕三个轴的力矩(或只测其中一个或两个力和力矩)。风洞天平是由一般分析天平演变而来的,早期的挂线式天平就与分析天平相似。它用金属线将模型悬挂起来,模型所受载荷通过金属线送到天平杠杆元件上,加减砝码使其平衡。但分析天平一次只能测一个力,且要求力的方向和作用点是已知的。风洞天平则可同时测气动力的几个分量,气动力合力的作用点和方向一般是待测的。因此,风洞天平的构造也不同于一般分析天平。风洞天平的分类方法很多,按测量原理可分为机械式天平、应变式天平、压电晶体天平、电磁悬挂天平等(见图 5-26)。

倾转旋翼天平

动态气动天平

图 5-26　各式各样的天平

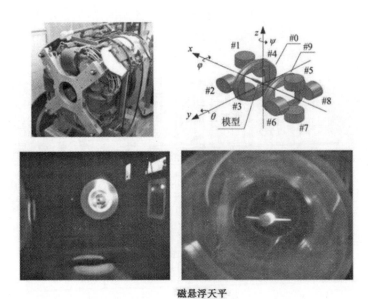

磁悬浮天平

续图 5-26　各式各样的天平

5.8　结　构　试　验

在相当长的一段时间内,飞机结构设计的主要任务只需要满足质量轻,静强度大的要求即可,这一时期指导飞机结构设计的主要是静强度设计,这一主导思想一直延续到第二次世界大战结束以后。20 世纪 40 年代以前,静力试验时将飞机仰置,用铅粒或砂粒装在袋中模拟机翼分布载荷;用铁块吊在绳索上模拟集中载荷,方法简陋;以后改用电动机械加力器或液压作动筒和千斤顶加载。从 40 年代开始全尺寸结构静力试验都通过杠杆系统加载,并采用多点协调加载系统,保证各加载器能按预定比例加载,在结构破坏时能自动卸载,以避免破坏部位的继续扩大。此后,静力试验的方法逐步规范,试验结果更加准确(见图 5-27)。

（a）

（b）

图 5-27　早期结构静力试验

（a）使用沙袋进行静力试验；　（b）第二次世界大战飞机使用杠杆加载进行静力试验

20世纪七八十年代,静力试验已采用电子计算机控制的电动液压伺服系统自动闭合回路协调加载系统,有上百个加载器、数百个加载点、数百个测量通道和数千个应变片,并用电子计算机进行数据采集和处理(见图5-28)。

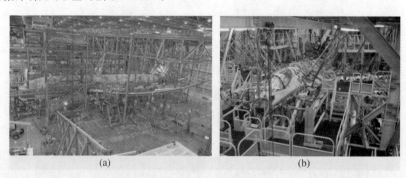

(a)   (b)

图5-28　现代结构静力试验

(a)C919进行静力试验;　F35进行静力试验

随着飞机速度的增加,由于空气动力的结构弹性振动的相互作用的影响,飞行器会发生一种称之为颤振的自激振动,这样的振动会产生灾难性的后果。飞机结构越轻、越复杂、刚度越弱、速度越增加,就越需要对颤振给予更多的关注。为对飞机的颤振特性进行验证,通常会采用模型试验和飞行试验两种。其中模型试验通常会在风洞中进行试验(见图5-29),而在飞行样机出现后还需要进行飞行试验。

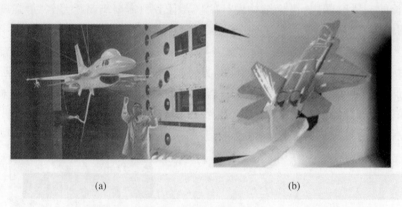

(a)   (b)

图5-29　模型颤振试验

(a)F16战斗机1∶4比例模型颤振试验;　(b)F22战斗机模型颤振试验

5.9　新时代的曙光:计算机时代

在过去试验和经验的基础上,我们进行了详细的总结,最终发展出了飞机设计标准和飞机设计手册,这些标准和手册可以用做我们飞机设计的指导工具。在飞机设计手册的指导下,飞机的设计有了依据,极大地提高了飞机设计的速度和准确性。但使用设计手册进行飞机设计时存在很多问题,其主要有:①较为烦琐;②对设计经验的要求较高;③对非常规布局飞机的估算准确度较低等问题。

　　随着计算机的发展，飞机设计出现了巨大的进步。在早期计算能力相对有限的情况下，计算机首先被用于计算经验公式，减少飞机设计人员的工作量，其实质是将飞机设计手册的计算公式变成机器可识别的语言进行计算，其功能和科学计算器没有区别（见图 5 - 30）。

图 5 - 30　第一代计算机

　　随着程序的发展出现了类似先进飞机设计这样的软件，它把飞机设计手册里的内容全部输入到软件里，你只要输入合适的飞机参数，软件就可以把气动、结构、质量、重心等参数反馈给你，帮助你完成飞机的概念设计（见图 5 - 31）。

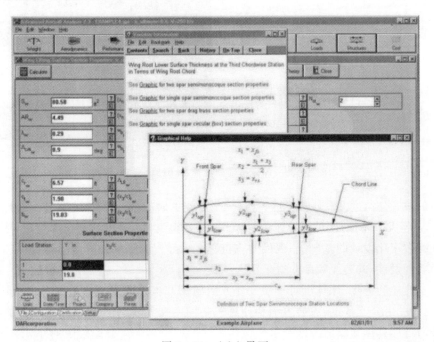

图 5 - 31　AAA 界面

　　这其中，计算机辅助设计（简称"CAD"）就是用计算机帮助设计人员进行产品和工程项目的设计工作。

第一代 CAD 主要是计算机辅助制图。

第二代 CAD 系统的开发主要是辅助绘制二维和三维图形。这就需要建立多个工程数据库来存储线框、曲面、实体建模、有限元分析模型和数控编程软件。工程师可以利用数控编程软件，把高精度的复杂零件在数控机床上加工出来。

如果发现有什么地方不妥，例如飞机起落架与机身之间连接不很吻合，便可以再按几个键盘，在屏幕上移动光笔，做一下修改。如果合适了，便存储起来。

计算机辅助制造（简称"CAM"），是把 CAD 系统的成果转换成加工机械可以接受的控制指令和数据，把产品制造出来。

CAM 系统的主要作用，就是设计数据的转换、计算机控制数控机床、计算机辅助制造过程计划、加工时间安排、工具设计与生产流程、模具的自动制造、材料的自动处理，以及自动装配和对机器的管理等等。

20 世纪 80 年代中期，人们又开始把 CAD，CAM 等系统连成一种自动化系统，叫作计算机集成制造系统，简称"CIMS"（见图 5－32）。它包括管理决策、计算机辅助设计以及计算机辅助制造三个部分。它是飞机制造过程最优化的产品大系统，收效很好。

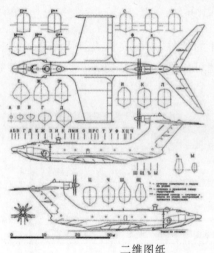
二维图纸

三维数字图纸

图 5－32　计算机辅助设计和计算机辅助制造

美国的波音公司过去设计新飞机往往要 3～5 年的时间，采用 CIMS 这种综合性高技术，只需要数月，甚至几个星期，就可以设计并制造出一架新型飞机。而且完全可以实现无纸化办公。

在飞机数字化设计的基础上，现代的飞机装配已经由人工装配开始向半自动装配过渡，并向全自动装配发展，其装配效率获得了巨大的提升（见图 5－33）。

相对于这样的进步，计算机对气动设计方面的提升也是非常巨大的。在 20 世纪 50 年代以来，产生的一个介于数学、流体力学和计算机之间的交叉学科——计算流体力学，其主要研究内容是通过计算机和数值方法来求解流体力学的控制方程，对流体力学问题进行模拟和分析。在早期，通常采用涡格法和面元法来求解气动数据，涡格法（vortexlattice method），定义为在模拟物体的离散网格面上布置涡线并形成涡格系统，进行数值求解气动问题的方法。

面元法（panel method），是将物体表面或机翼中弧面等特征面进行离散，生成网格后对每个网格，用一个平面或曲面代替原来的物面称为面元，在该面元上布置流动的奇点（如源、涡、偶极子及其组合),进行求解气动问题的方法(见图 5-34)。

图 5-33　智能装配技术

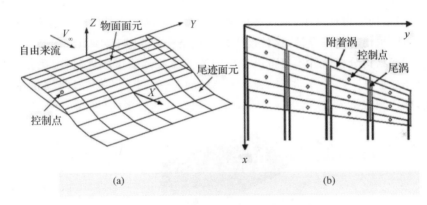

(a)　　　　　　　　　　　　　(b)

图 5-34　面元法和涡格法

(a)面元法网格示意图；　(b)涡格法网格示意图

　　随着时代的发展,计算机的能力获得很大进步,我们已经可以直接求解 N-S 方程了。现代计算普遍采用使用湍流模型求解飞机气动特性的方法,直接进行大涡模拟的计算也有了一定的进展,这极大地推动了空气动力学的发展(见图 5-35)。

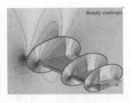

图 5-35　CFD 技术的发展

　　现阶段的流体力学计算需要消耗大量的计算资源,据统计,现代计算机几乎 70% 的资源用来计算流体力学相关的问题。

　　研制 YF17 时,风洞试验 13 500h,历时 17 年,无 CFD 技术。研制 YF23 时,风洞试验 5 500h,CFD 计算 15 000h,历时 8 年。CFD 技术的优点是节约经费,缩短周期,多工况模拟,流场描述详细(见图 5-36)。

随着飞机设计要求越来越高,对于降低飞机质量的要求越来越高,为实现飞机的轻质结构设计,飞机的结构设计正从两方面入手推进工作。一方面采用先进的结构设计技术和分析技术,另一方面采用新材料如复合材料、钛合金、铝锂合金等来减轻质量。

图 5-36　YF17 和 YF23

为提高飞机结构的设计水平,现代飞机设计开始贯彻结构完整性设计思想,综合考虑静强度,刚度、耐久性/损伤容限等设计,这就催生出现代结构分析软件(见图 5-37)。随着计算机技术的发展,现代结构分析软件不仅可以分析传统的飞机静强度刚度特性,确定飞机的位移,变形等特性,还能够进一步计算动气动弹性方面的问题(见图 5-38),计算飞机在飞行状态时的模态特性,确定颤振临界速度,进一步推动了结构设计的发展(见图 5-39)。

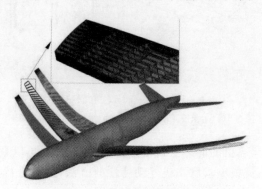

图 5-37　飞机静强度特性分析

雷达隐身技术是从 20 世纪 70 年代开始发展的新技术。为提高飞机的生存能力,现代飞机对隐身技术的要求越来越高,相对应地也对飞机外形电磁特征的计算提出了越来越多的要求。现代陆续出现的电磁仿真软件能够精确求解电磁散射、辐射、电磁兼容等众多的电磁工程难题,有力地推动着飞机隐身设计的进步(见图 5-40)。

近 100 年来,航空工业取得了长足的发展,飞行器的设计要求也越来越多,越来越高。飞行器设计涉及的学科越来越多,专业分工越来越细,研制过程日趋复杂。而这些不同学科的设计要求不同,常会互相影响、互相制约。而传统的飞机总体参数优化方法中的很多计算模型都使用了统计数据、工程估算或者经验公式,计算精度低,影响优化方案的可信度。同时,随着更多革新性新技术的应用,一些统计公式已经不再适用。此时出现了飞机总体多学科设计优化技术和工具。

飞机总体多学科设计优化将各学科的高精度分析模型和优化技术有机结合集成,以求获得最佳系统方案的一种总体参数优化技术（见图 5－41）。其核心思想是通过实现各学科的模块化并行设计来缩短设计周期；通过学科间的耦合协同来挖掘设计潜力；通过系统的综合分析来进行方案的选择和评估；通过系统的高度集成来实现飞行器的自动化设计；通过各学科的综合考虑来提高可靠性；通过门类齐全的多学科综合设计来降低研制费用。飞机总体多学科设计优化作为专门的研究领域确立短短 10 余年来，已经产生了巨大的效益并引起了广泛的重视。

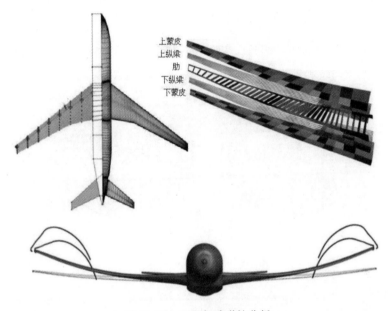

图 5－38　飞机气动弹性分析

图 5－39　飞机颤振特性分析

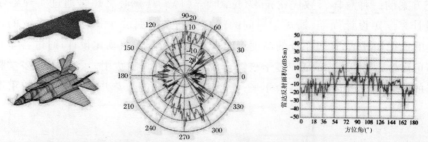

F35隐身特性数值模拟网格　F35在10GHz时0°视角的雷达反射特性　F35在10GHz时20°下视角的雷达反射特性

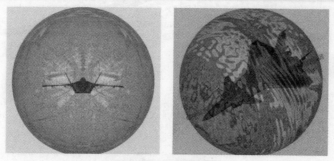

J20环向雷达反射视图

图 5-40　飞机电磁特性分析

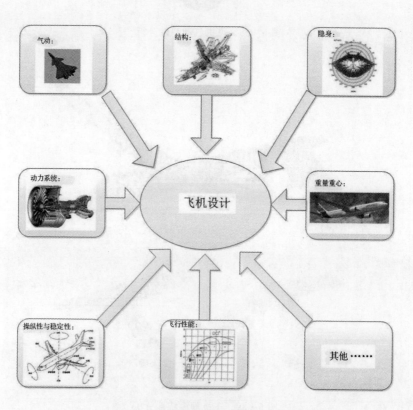

图 5-41　飞机总体多学科设计优化

实际上，现在在飞机设计的各个方向上都已经出现了辅助软件，列举常用的见表 5 - 1～表 5 - 3。

表 5 - 1　概念设计软件

功能类别	软件名称	软件说明
概念设计	AAA	美国达尔令公司
	CADS	北京航空航天大学
	OpenCADS	北京航空航天大学
	ACSYNT	美国空军学院
	RDS - Proficssional	美国 Conceptual Research 公司
	PIANO	英国 Lissys 公司
	ACDS	西北工业大学、成都飞机工业公司、南航
	RDS - Student	美国 Conceptual Research 公司
	AeroDYNAMIC	英国空军学院
	RAM	美国国家航空咨询委员会空气动力研究中心
	ADROTT	英国克兰菲尔德大学
	AIDA	荷兰代尔夫特理工大学
	ECAAD	南京航空航天大学
	AEAS	北京航空航天大学
	ESPD	北京航空航天大学
建模	CAIIA	达索公司通用 CAD 系统主流应用产品
	UG	通用 CAD 系统
	ProE	通用 CAD 系统

表 5 - 2　气动、结构计算分析软件

功能类别	软件名称	软件说明
气动分析	Datcom	工程气动力估算软件
	ICEM	气动网格划分工具
	VSAero	面元法气动力分析工具
	Panair	平板气动力估算工具
	VLAero	黏性笛卡尔网格处理工具
	VisCART	跨声速小挠动气动力分析工具
	SDAero	方程气动力分析工具
	CFX	N - S 方程气动力分析工具
	MGAero	欧拉法气动力分析工具

续表

功能类别	软件名称	软件说明
气动分析	MSES	翼型设计分析工具
	Fluent	方程气动力分析与仿真工具
	XFoil	翼型气动力分析工具
结构分析软件	MSC Nastran	结构有限元分析前后处理工具
	MSC Patran	结构有限元分析求解工具
气弹分析软件	ZAero	气动弹性分析工具
	Fastran	气动、多体运动及气弹专业分析软件隐身分析

表 5 - 3 隐身、操稳、优化设计软件

功能类别	软件名称	软件说明
隐身分析软件	Feko	精确隐身特性分析工具操稳分析
操稳分析软件	Datcom	工程气动力估算软件
优化设计软件	ISight	集成优化工具
	ModelCenter	集成优化工具
其它	iSIGHT. NET	模板封装工具优化模型作业调度工具
	EASA	模板封装工具优化模型作业调度工具
	LSF	作业调度工具
	Ydot	波音公司流程管理工具
	FlowMaster	二维管道流仿真工具

现代飞行器的设计已经是一件空前复杂的工作,只有较好地依靠各种设计工具的综合应用才可能获得较好的效果,同时飞机设计的特殊需要也进一步推动设计工具和设计方法的进步,这两者之间相辅相成,共同推进越来越多、各种各样的现代飞行器的成功研制。

第6章 流场与数学

前文我们介绍了飞机总体、飞行力学和控制两个主要的学科方向,也初步了解了形与力的关系,现在我们带大家了解无人机另一个重要的学科方向——空气动力学。本章主要从两个方面展开:其一讲述空气动力学的发展历程;其二讲述无人机空气动力学的分析流程。

6.1 空气动力学的含义

从本质上讲,空气动力学属于流体力学的分支。因此,空气动力学的发展其实是伴随着流体力学的发展而来的。因此,我们先从流体力学讲起。根据其科学定义,流体力学是研究流体在外力作用下平衡和运动的一门学科,属于力学的一个分支。从其定义可以发现,流体力学本质关注于研究对象的平衡和运动这两个特征。因此,根据这两个典型特征,流体力学可以分为静力学和动力学两个部分(见图6-1)。

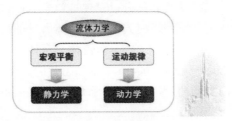

图6-1 流体力学定义

根据现代科学体系中的学科分类,来了解流体力学在其中的类别关系。根据学科分类,流体力学属于二级学科,与我们熟悉的固体力学、物理力学等同类,属于一级学科力学之类(见表6-1)。

表6-1 流体力学学科分类

一级学科130力学	二级学科130.25流体力学
130.10 基础力学	130.35 爆炸力学
130.15 固体力学	130.40 物理力学
130.20 振动与波	130.45 统计力学
130.25 流体力学	130.50 应用力学
130.30 流变学	

而在这个二级学科里,依据研究对象、研究方法等的不同,又可细分为多个三级学科,其中就包含我们无人机设计分析过程中涉及的空气动力学、计算流体力学、试验流体力学等(见表6-2)。随着现代科学的深入发展,各个子学科之间的界限其实并不明显,形成了"你中有我、我中有你"的发展格局,比如列出的气体动力学、空气动力学,它们的基础理论、描述方法等基本一致,只是体现在研究对象的区别。

表6-2　流体力学学科细分(三级学科)

130.2511	理论流体力学	130.2544	等离子体动力学
130.2514	水动力学	130.2547	电磁流体力学
130.2517	气体动力学	130.2551	非牛顿流体力学
130.2521	空气动力学	130.2554	流体机械流体力学
130.2524	悬浮体力学	130.2557	旋转与分层流体力学
130.2527	湍流理论	130.2561	辐射流体力学
130.2531	黏性流体力学	130.2564	计算流体力学
130.2534	多相流体力学	130.2567	试验流体力学
130.2537	渗流力学	130.2571	环境流体力学
130.2541	物理—化学流体力学	130.2599	流体力学其它学科

再回到流体力学这个概念,从其名称可以发现这门学科研究的是流体,我们最常接触到的水、空气都属于流体力学的研究范畴。而人们关于流体力学的研究也是从水开始的,而后逐渐引入了空气,最后水动力学和空气动力学统一为流体力学体系。

除了水、空气这两种常用的流体介质,其实流体力学的研究范围非常宽泛。比如机械行业叶轮机的流动、大气发展趋势预测、海面洋流形成与发展,甚至星际、星云的研究都会应用到流体力学知识(见图6-2)。

图6-2　流体力学的应用

具体到和无人机密切相关的空气动力学这门科学,多个权威的媒介都给出了其定义。如维基百科中,空气动力学(Aerodynamics),是流体力学的一个分支,主要研究物体在空气或其它气体中运动时所产生的各种力。可见,空气动力学的研究对象是与空气有相对运动趋势的物体,研究目标主要关注于空气的运动规律和物体受力规律。这个和前述的流体静力学、流体动力学的分类是统一的。

根据不同的划分标准,空气动力学也可划分为不同的类别(见图 6-3)。比如根据速度的不同,可分为低速、亚声速、跨声速、超声速、高超声速空气动力学等,根据是否考虑流体黏性,可分为无黏空气动力学和黏性空气动力学等。特别是随着现代学科融合发展趋势,空气动力学也衍生出一些具有前沿性、交差性的学科,如气动弹性力学、气动热力学、气动声学、磁流体力学等。

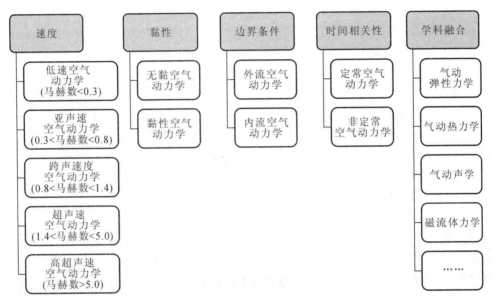

图 6-3　空气动力学类别(单位:Ma)

6.2　流体力学的发展历程

在介绍完流体力学和空气动力学的定义后,进一步我们从历史长河的角度,了解其发展历程。本节我们主要从以下两方面进行介绍:①流体力学的发展历程,主要分为 4 个历史时间段;②结合航空飞行器、无人机的发展背景,了解飞行器空气动力学的发展历程。

第一阶段,通常认为流体力学起源于公元前 250 年阿基米德的研究。早期的流体力学更多的研究水流运动特性,如城市水管道建设、水利设施建设等。其中我们战国时期著名的郑国渠工程也被视作早期流体力学研究的典范。

第二阶段始于 16 世纪文艺复兴,结束于 18 世纪中叶。这个时间段流体力学的研究逐渐步入正轨,现代科学研究方法的雏形逐渐体现出来。研究方法以理论推导、建立为主,一些流体力学的奠基性理论知识就成于这段研究时期。

其中一个重要的研究理论技术帕斯卡原理,即关于液体压力的传递规律。由于帕斯卡的杰出贡献,现代压强单位以他名字命名。

而伟大的科学家牛顿也对流体力学的发展贡献颇多,其中最重要的是提出了牛顿内摩擦定律,为流体黏性这一重要性质的建立做出了贡献。

另一个天才科学家是伯努利,他建立的伯努利方程首次阐明了流体速度、压力等特性之间的联系,以此为原理设计的飞行器测速装置皮托管现在仍然在使用。

流体力学另一位大家是欧拉,他首次提出了连续介质的概念,使得静力学研究理论可以推广到流体运动中,并建立了欧拉方程,奠定了现代计算流体力学的基础。

第三阶段,人们已经不满足于理论研究,开始将理论研究与实际结合起来,开展流体力学的应用研究。流体力学理论知识逐渐走向应用,用来解决实际问题。

同样在水动力学研究中,法国工程师谢才建立了计算恒定均匀流的经验公式,在河道建设、水利工程建设中得到广泛应用。还有依据伯努利理论,发明测量流速的法国科学家皮托。意大利科学家文丘里进一步发明了文丘里管,实现了管道流量的测量。可见,在皮托管、文丘里管等流体测量设备的发明下,流体力学研究慢慢衍生出了试验研究的雏形。

而在流体力学理论研究方面,纳维和斯托克斯建立的流体运动方程组实现了流体运动与平衡的科学表征。

第四阶段始于19世纪末,流体力学的理论研究和试验研究相结合,并且逐渐和相邻、相关学科发展结合起来,极大地促进了流体力学的发展。在理论研究方面,典型的成果包含雷诺概念的提出、边界层理论的建立、湍流模式的确定、面向飞行器的机翼理论等。

雷诺创造性地提出了层流、紊流两种典型的流态,后世为纪念他的历史成就,将表征流体层流、紊流流态特征的物理参数以他命名。

雷诺不仅找到了试验研究黏性流体流动规律的相似准则数——雷诺数,而且简化发展了N-S方程,提出了雷诺平均N-S方程,至今还是流场数值模拟的主要数学模型,开创了现代计算流体力学的先河。

从流体力学中分出来的空气动力学也在这个阶段有了巨大发展,以边界层理论、机翼理论等为代表的空气动力学发展成就,极大地促进了航空飞行器的发展。

其中被称为现代空气动力学之父的普朗特,一生对空气动力学贡献颇多。最著名的是建立了边界层理论,确定了流体黏性产生阻力的物理机理,使理论流体力学和试验流体力学第一次统一起来(见图6-4)。

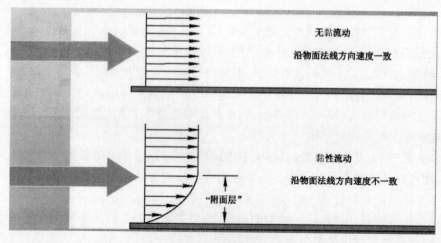

图6-4 边界层

此外,冯·卡门和泰勒也在现代流体力学理论建立方面做出了诸多贡献。

在流体力学、空气动力学发展中,我国科学家也做出了诸多贡献,其中具有代表性的是周培源和钱学森先生。周培源在国际上首先提出了湍流脉动方程,奠定湍流模式理论的基础。而钱学森在高速空气动力学、控制工程等学科建树颇多,如著名的卡门-钱公式。

20世纪60年代,由于学科交叉融合趋势,流体力学也出现了许多新的研究分支,如计算流体力学、两相流体力学、生物流体力学等(见图6-5)。

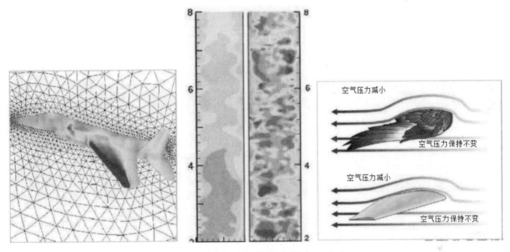

图6-5　流体力学与其它学科交叉融合

从整个流体力学的发展历程可以发现,流体力学的研究范畴非常广阔,并不仅仅局限于航空、航天等工业领域,其余如机械、海洋、天气等领域也有流体力学的身影(见图6-6)。

图6-6　流体力学的应用

6.3　飞行器空气动力学的发展历程

具体到航空飞行器、无人机相关的空气动力学研究,最早可追溯至意大利文艺复兴时期。艺术大师达·芬奇绘制的扑翼机、直升机设想图预示着人类对飞行的渴望(见图6-7)。

最早定量研究飞行的是英国科学家凯利,他通过鸟类飞行观察,首次建立了飞行过程的速度、面积和升力之间的关系,抛弃了人造飞行器模仿鸟类飞行原理的思路。

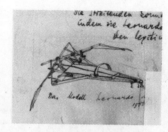
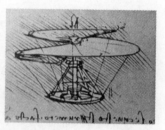

图 6-7 达·芬奇与他设计的飞行器

6.3.1 固定翼飞行器概念的提出

在凯利理论的指引下,早期滑翔机实现了人类最初的飞行梦想。但是当时的技术还未能制造出合适的推进装置。于是他便以俯冲为动力发明了滑翔机(见图 6-8、图 6-9)。

图 6-8 古典空气动力学之父——乔治·凯利

图 6-9 滑翔机

德国工程师李林达尔更是通过大量的飞行试验,积累了珍贵的飞行数据,为人类最终实现飞行奠定了基础(见图 6-10)。

图 6-10　固定翼滑翔机航空先驱——李林达尔

6.3.2　人类首架飞机的诞生

在诸多前人建立的流体力学、空气动力学等知识框架下,莱特兄弟发明的人类历史上第一架飞机诞生了(见图 6-11)。

图 6-11　莱特兄弟与第一架飞机

从空气动力学的发展可以发现,通过和航空对象的结合,人们首先建立的对空气力的认识,形成了通过相对空气产生升力、通过动力克服阻力,通过设备实现气动力矩平衡的航空器发展理论(见图 6-12)。从早期单纯模仿鸟类飞行,到最终将推力和升力分开考虑,实现了现代飞行器的雏形(见图 6-13)。

图 6-12　对力的认识

图 6-13 飞行器的发展

因此,作为航空航天技术的基础和前瞻性学科,空气动力学一直在各种飞行器研制中起着先行和关键的作用,因此其发展水平直接关系到飞行器可能实现的先进性。

6.4 空气动力学对军机、民机的先导作用

以现代航空飞行器两大类——军机和民机为例,我们来看下空气动力学在其发展中的推进作用。在军机发展过程中,每代军机性能的跃升都伴随着重要空气动力学理论的形成和发展。喷气发动机推动超声速战机(F-86、米格 15);后掠翼、面积律等气动难题的突破,使军机进入第二代(米格 21,F-4);非线性升力技术、边条翼气动布局等气动新技术的突破,发展第三代战机(苏-27,F-15);翼身融合一体化气动设计、新材料、电子新技术的发展,推动第四代战机(F-22,J-20)(见图 6-14)。

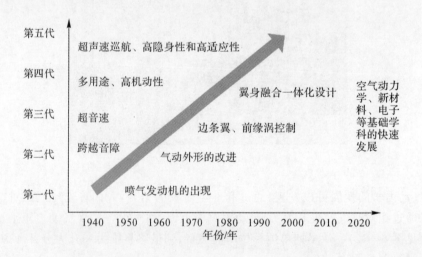

图 6-14 空气动力学对军机的先导作用

而在追求优异性能和经济型的民机发展过程中,空气动力学更是起着重要的作用。从大型民用客机(运输机类)的发展趋势来看,高性能的动力装置和优良的空气动力特性是民航机获得优异的巡航性能、起飞着陆性能和经济性的保证。空气动力学在民机方面的应用包括优异气动性能翼型设计,超临界机翼,先进增升装置,翼梢小翼,翼身融合设计等(见图 6-15)。

图 6 - 15　空气动力学对民机的先导作用

6.5　空气动力学研究方法

空气动力学常用的研究方法一般分为理论分析、试验研究和数值模拟三种,其相互关系是循环递进、相互支撑、互相促进(见图 6 - 16)。

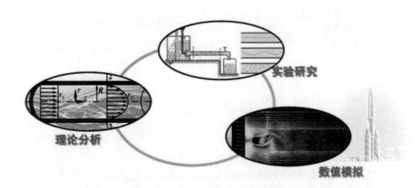

图 6 - 16　空气动力学研究方法

理论分析是最早、最常用的分析手段(见图 6 - 17)。定义为根据流体运动的普遍规律,利用数学分析手段,来研究流体的运动,解释已知的现象,预测可能发生的结果。其步骤大致可分为建立模型、推导方程、求解方程和解释结果四个部分。

试验研究是随着理论分析逐渐发展和衍生出来的,其一般过程是在相似理论的指导下建立模拟试验系统,用流体测量技术测量流动参数,处理和分析试验数据。其具体过程包括建立相似理论、开展模型试验、试验测量、开展数据分析(见图 6 - 18)。

数值模拟是随着现代计算机发展起来的一种研究手段,其一般过程是对流体力学数学方程做简化和数值离散,编制程序做数值计算,将计算结果和试验结果比较。其流程包括建立数学模型、模型离散化、进行编程计算、检验结果等(见图 6 - 19)。

理论分析： 理论分析是根据流体运动的普遍规律（如质量守恒、动量守恒、能量守恒等），利用数学分析手段，研究流体的运动，解释已知的现象，预测可能发生的结果。理论分析的步骤大致如下：

首先是建立"力学模型"，即针对实际流体力学问题，分析各种矛盾并抓住主要方面，对问题进行简化而建立反映问题本质的 "力学模型"。流体力学中最常用的基本模型有连续介质、牛顿流体、不可压缩流体、理想流体、平面流动等。

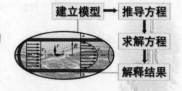

图 6-17　理论分析

实验研究：其一般过程是，在相似理论的指导下建立模拟实验系统，用流体测量技术测量流动参数，处理和分析实验数据。

测量技术有：热线、激光测速；粒子图像、迹线测速；高速摄影；全息照相；压力、密度测量等。

现代测量技术在计算机、光学和图像技术配合下，在提高空间分辨率和实时测量方面已取得长足进步。

实验结果能反映工程中的实际流动规律，发现新现象，检验理论结果等，但普适性较差。

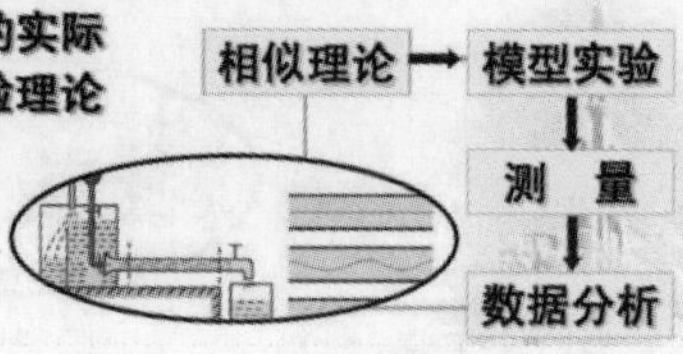

图 6-18　试验研究

数值模拟：数值研究的一般过程是，对流体力学数学方程做简化和数值离散化，编制程序做数值计算，将计算结果与实验结果比较。

常用的方法有：有限差分法、有限元法、有限体积法、边界元法、谱分析法等。

数值方法的优点是能计算理论分析方法无法求解的数学方程，比实验方法省时省钱，但毕竟是一种近似解方法，适用范围受数学模型的正确性和计算机的性能所限制。

图 6-19　数值模拟

　　对比 3 种不同分析方法,可以发现,理论分析可以明确给出各种物理量和运动量之间的变化关系,有较好的普遍适用性,但是建立数学理论模型困难。试验方法能直接解决生产中的复杂问题,并能发现新现象和新问题,结果可以作为检验其它方法是否正确的依据,缺点是对不同情况需要做不同的试验,结果的普遍适用性差。数值模拟可以解决许多理论分析无法解决的问题,但缺乏复杂而适用的数学模型,计算代价较大。

　　因此,在解决实际问题时,理论分析、试验研究和数值模拟这几种方法通常是相辅相成的,试验需要理论指导,理论和数值模拟结果需要试验校核。

　　在早期研究阶段,空气动力学理论研究和试验发展较为迅速,特别是风洞发明后,极大的促进了试验流体力学和试验空气动力学的发展(见图 6 - 20)。

图 6 - 20　风洞

　　而后到 1946 年,由美国军方定制的世界上第一台电子计算机"电子数字积分计算机"(Electronic Numerical And Calculator,ENIAC)在美国宾夕法尼亚大学问世了(见图 6 - 21)。ENIAC(埃尼阿克)是美国奥伯丁武器试验场为了满足计算弹道需要而研制成的,这台计算器使用了 17 840 支电子管,大小为 80ft×8ft,重达 28t,功耗为 170kW,其运算速度为 5 000 次/s 的加法运算,造价约为 487 000 美元。ENIAC 的问世具有划时代的意义,表明电子计算机时代的到来。随着电子计算机的发明,数值模拟研究也步入了快车道。自此,理论、试验、计算空气动力学结合一体!

图 6 - 21　第一台电子计算机

6.6 空气动力学分析流程

任何流动都服从于三大定律：①质量守恒定律；②牛顿第二定律；③能量守恒定律。这三大定律在数学上通常以积分或微分形式的偏微分方程描述。空气动力学作为力学的一个分支，其研究理论也是建立在力学三大定律基础上。

空气动力学的数值模拟，即计算流体力学就是将这些方程中的积分或微分用代数的形式来表示，进而得到方程在时间、空间点上用数值表示的离散解。计算流体力学所关心的物理问题，就是那些描述其性质的基本方程已知，而其解析形式的解不存在的物理问题。

关于计算流体力学。张涵信院士对计算流体力学的研究内容用5个M和1个A来概括，其中5个M指Machine，Mesh，Method，Mechanism，Mapping，1个A指Application。

5个M：

(1)Machine：即Computer，是进行流动计算必须具备的工具。

(2)Mesh：进行流动计算必须把流场化分成离散的网格点或体积单元，才能在这些点或体积单元上对流动方程离散。

(3)Method：各种与求解流体动力方程有关的计算方法研究。

(4)Mechanism：机理，利用CFD解决流动问题，所得结果是数据的海洋。要从大量数据中找出流动机理和规律是非常必要的。还可以发现新的物理现象。

(5)Mapping：把计算结果按需要做出静态或动态的图形或图像。

1个A：

Application：用来解决各种工程的流动问题；用来阐明流动自身的机理和规律。

6.6.1 计算机(Machine)

首先，计算流体力学依托的载体是电子计算机，因此，电子计算机的先进水平直接关系到数值模拟结果的效率。从电子计算机发明到现在，电子计算机的计算能力呈现爆炸式增长，图6-22给出的数据，短短50余年，计算能力提高巨大。

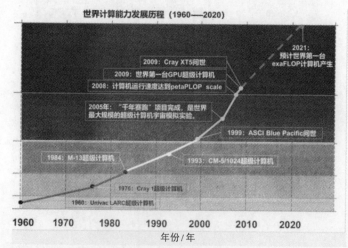

图6-22 电子计算机计算能力发展示意图

因此,高性能计算机特别是超级计算机是一个国家科学、工业发展水平的一个重要衡量标准。2019 年 11 月,新一期全球超级计算机 500 强榜单面世。美国超级计算机"顶点"再次登顶,第二位是美国超算"山脊",中国超算"神威·太湖之光"和"天河二号"分列三、四位。在上榜数量上,中国境内有 228 台超算上榜,蝉联上榜数量第一,比半年前的榜单增加 9 台;美国以 117 台位列第二。从总算力上看,美国超算占比为 37.1%,中国超算占比为 32.3%。从这份数据也反映出我国超级计算机的发展实力。

随着现代人工智能技术的发展,大数据、云计算等概念的提出,各行各业均对计算能力提出了更高的要求。除了超级计算机,E 级计算机、量子计算机更是未来大国角逐的重点。

6.6.2　网格(Mesh)

CFD 的第二个因素是网格。对于数值模拟来讲,空间流场的离散、控制方程的求解都必须依赖于网格开展。因此,网格就成为数值模拟效率与精度的一个重要因素。现在常用的网格类型包含笛卡尔网格、结构网格、非结构网格、混合网格、嵌套网格及无网格技术等(见图 6-23)。

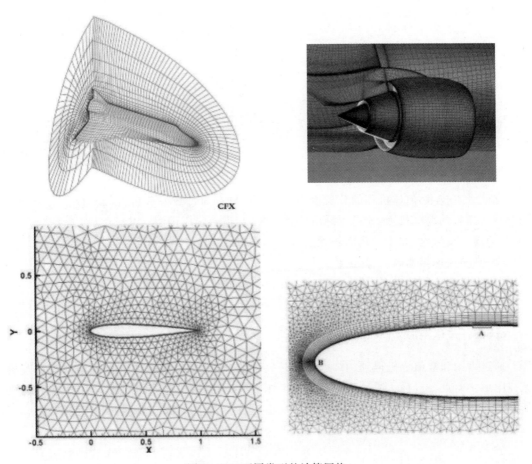

图 6-23　不同类型的计算网格

6.6.3 数值方法（Method）

计算流体力学控制方程的发展历程及对应关系。从理论流体力学发展伊始，人们就为如何更准确的描述流体运动而不懈努力。以图中为例，从早期的线性势流方程，到20世纪80年代的欧拉方程，再到现在普遍采用的RANS方程，以及更先进的LES,DES,DNS等技术，导致方程越来越复杂，求解越来越困难，这种困难不仅体现在计算资源的耗费上，更多体现在对应的数值求解技术的发展上（见图6-24）。

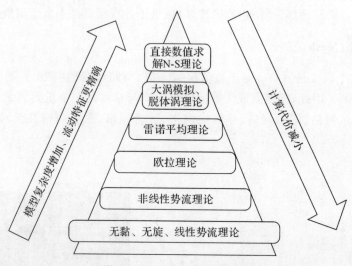

图 6-24　计算流体力学方法

6.6.4 流动机理（Mechanism）

除了计算技术，流体机理的分析也非常重要。只有通过数值分析、试验、理论等手段得到流动现象蕴含的物理机理，才可以理解流动现象，为进一步应用做好基础（见图6-25）。

（1）鲨鱼皮泳衣，并不是物面越光滑阻力越小。

（2）高尔夫球粗糙表面，湍流稳定性。

（3）飞机后掠翼的由来，减小临界速度提高飞行速度。

（4）飞机蜂腰外形的缘由，超声速飞行时面积律的由来。

6.6.5 流体图形化（Mapping）

通过理论和数值分析得到的结果通常是大量的科学数据，如何形象化的得到流动现象是流体图形化的重要目标。通过流体图形化工作，可以清晰地描述流体的流动形态、空气与飞行器的相互作用。如飞行器表面流动分离的发生、飞机尾涡的形成与发展、螺旋桨转动对飞行器流场的影响等（见图6-26）。

6.6.6 应用（Application）

建立了流体模型，得到了流体化结果，还只是停留在纸面上，属于理论技术。只有将理论技术应用起来，计算流体力学才完成了它的任务。而CFD的应用场景是多种多样的，并不局限于航空航天领域。如汽车外形设计、工业机械、电子设备风路设计等（见图 6 - 27）。

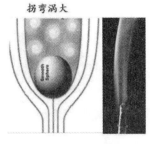
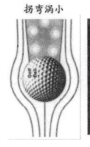
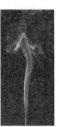

图 6 - 25　流体机理与外形

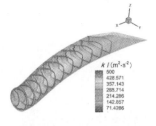
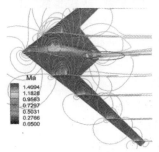

图 6 - 26　流体图形化

图 6 - 27　计算流体力学在航空、汽车等行业的应用

在航海领域,通常开展舰船在风、浪作用下的特性分析。建筑群落局域风场分析、室内空气流通情况分析等(见图 6-28)。

图 6-28　计算流体力学在航海、建筑等行业的应用

简单总结,一个完备的 CFD 工作流程主要包含几个重要因素:首先开展对所研究对象的几何描述,说明流动条件及流动类型,如:层流或湍流。然后选择计算的数学模型,如 Euler 方程、N-S 方程等。接着给定初始条件、边界条件,如初场、固壁、入流、出流等。最重要的网格生成,网格分区和生成。进一步选择数值计算参数,如计算格式、CFL 数、迭代步数。接着开展 CFD 程序计算,即控制方程离散求解、判断收敛。最后开展结果的可视化分析处理。

图 6-29 形象地给出了一个 CFD 流程涉及的主要环节,从几何模型建立、网格生成、方程求解、程序计算、到后期数据处理。

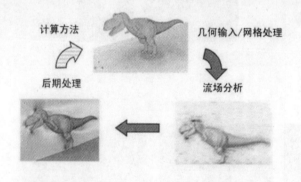

图 6-29　CFD 流程涉及的主要环节

6.6.7　基本的分析流程

DLR-F6 作为 AIAA-DPW2(AIAA 阻力预测会议)的标准模型,有着丰富的试验数据和计算算例,在数值模拟方法校核、程序开发等方面得到了广泛应用(见图 6-30)。

第一步需要建立几何模型。一般为了计算方便,需做部分几何简化工作,使得几何模型满足网格建模要求。常用工具 CATIA,UG 等。

第二步开展网格建模,根据计算要求、计算资源等合理选择网格形式,完成网格建模(见图

6-31)。常用工具 ANSYS ICEM,POINTWISE 等。

图 6-30　DLR-F6 风洞模型

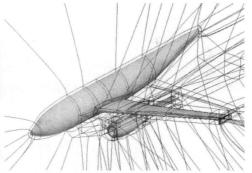

图 6-31　表面网格及空间网格结构

　　第三步选择合适计算平台,如成熟商业软件 ANSYS FLUENT、开源程序 CFL3D 或自编程序。计算过程涉及模型离散方法、湍流模型、计算格式等具体计算方法,需要依据计算条件选取。

　　最后一步即是计算结果的处理。通常,完成 CFD 流程后,其结果包含两类,一类结果是气动特征,如分析飞行器流场,得到飞行器的宏观气动力、力矩特性,可以直接得到飞行器的气动特性评估。

　　(1)气动特征(见图 6-32)。

　　(2)流场特征(见图 6-33)。

　　还有一种结果是流场特征,更偏向于纯流体力学方面。可以观测到引起宏观气动力变化的内在原因,即通过流动机理的分析与气动力特性进行验证。

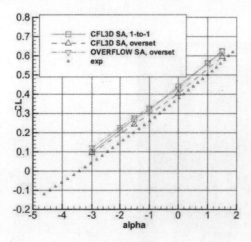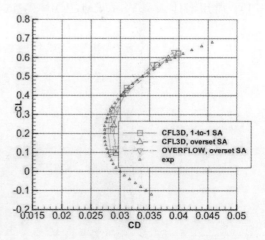

图 6-32 CFD 的宏观气动特征

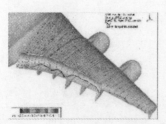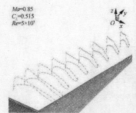

图 6-33 CFD 的流场特征

6.7 CFD 技术的典型航空工程应用

具体到航空飞行器领域,CFD 技术的典型航空工程应用大致可以分为以下几方面。

6.7.1 飞行器气动外形综合优化与评估

飞行器气动外形综合优化与评估,这也是 CFD 最基础的功能之一,即通过 CFD 技术实现飞行器气动外形的优化设计,提升飞行器气动性能(见图 6-34)。

6.7.2 气动弹性计算

气动弹性计算,这也属于交叉学科领域,即空气动力学与结构力学交叉技术,用于评估飞机实际飞行过程中机翼、机身等部件受到空气作用力后发生的变形,并由此带来的气动影响(见图 6-35)。

6.7.3 动力流场数值模拟

直升机、涡/螺旋桨飞机滑流、喷气动力等流场数值模拟,对于直升机或涡桨飞机,桨叶旋转过程带来大范围的旋转气流,会极大地影响飞行器原先稳定流场。而滑流数值模拟就是数值分析这一过程(见图 6-36)。

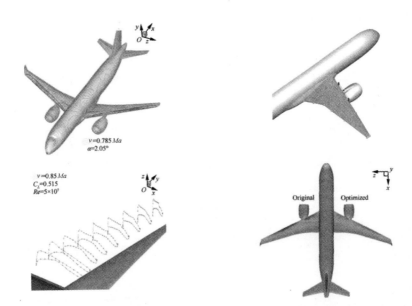

图 6 - 34　飞行器气动外形综合优化与评估

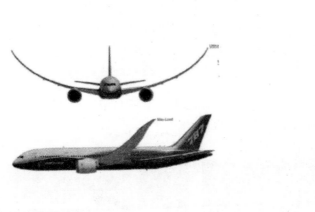

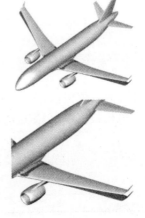

图 6 - 35　气动弹性计算

螺旋桨滑流　　　　　　直升机旋翼流场　　　　　　喷气发动机流场

图 6 - 36　动力部件的流场数值模拟

6.7.4　空中加油数值模拟

空中加油数值模拟，对于空中加油过程，一大一小飞行器高速飞行在空中，它们相互之间的流场干扰很大，只有通过具体的数值模拟，才可以给出具体的干扰特性，为加油方案设计及安全评估提供数据（见图 6 - 37）。

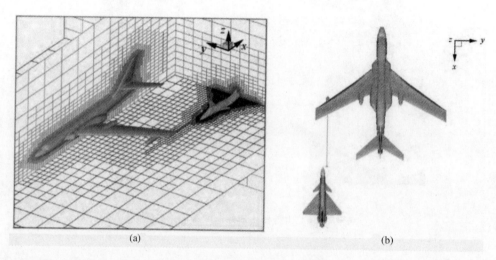

(a)　　　　　　　　　　　　　　　　　(b)

图 6 - 37　空中加油数值模拟

(a)基于笛卡尔网格的空中加油数值模拟；　(b)空中加油过程/受油机压力云图

6.7.5　多体分离数值模拟

多体分离数值模拟，典型如战机导弹发射、火箭级间分离等，由于涉及多体相对运动，因此对应的数值模拟技术对 CFF 也提出了挑战（见图 6 - 38）。

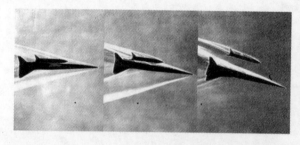

图 6 - 38　多体分离数值模拟

6.7.6　超声速、高超声速流动模拟

超声速、高超声速流动模拟，在超声速、高超声速流动中，不止发生空气的运动，还会带来化学反应、温度场剧变、空气电离等常规 CFD 所没遇到的现象，由此需要在数值模拟技术上做出调整及改进（见图 6 - 39）。

6.8　CFD 面临的挑战

从 CFD 的利用来看,可以极大地精简现代飞行器设计研发流程,节约大量的风洞试验资源,压缩设计进度。

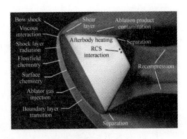

图 6 - 39　高超声速飞行器典型流动特征

从波音公司飞机的研发历程可以发现,通过 CFD 的成功应用,节约了近 50% 的风洞测试资源。

在波音新一代客机 B787 上,CFD 技术更是得到广泛应用,其不仅仅局限于常规的外形气动特性分析、优化设计,还在噪声减少、结冰预测等方面发挥了重要作用。

综合来看,空气动力学面临的挑战主要体现在三方面,适用性、可信度及时效性。适用性主要体现在复杂构型及复杂流动上,如超声速漏洞、低雷诺数流动等、多相耦合流动等,复杂流动现象必然对常规空气动力学分析方法的适用性提出挑战。可信度主要体现在物理建模和计算方法的误差上。而时效性主要体现在计算方法的效率和计算机资源的耗费。所有的数值技术方面的发展或改进都是为了改善这三方面而在努力。

(1)由 CFD 软件和高性能计算机相结合而形成的"数值风洞"能够快速提供飞行器气动性能分析、结构/飞控设计所需要的基础数据,进而节省研究费用,缩短设计周期。

(2)高精度 CFD 软件可以提供流场细节数据,便于流动机理分析,在空气动力学基础研究及飞行器关键气动技术攻关方面可以发挥重要作用。

(3)精细的 CFD 数值模拟可以为风洞试验及风洞试验技术发展提供支撑,如为天平和支架设计提供载荷估计,研究更加精细的洞壁和支架干扰修正方法,对风洞试验结果进行天地换算等。

(4)以 CFD 为核心的飞行器多学科多目标优化设计是未来飞行器设计的重要发展方向,其将引发飞行器设计模式的变革,"数值优化设计"的实现将全面提升飞行器综合设计能力和水平。

(5)CFD 与飞行力学和飞行控制等学科的耦合,将可以实现基于 CFD 的"虚拟飞行试验",或又称为"数值虚拟飞行",有利于在设计初期即对控制系统进行一体化优化设计。

第7章 未来网联无人机

7.1 通信-信息交流与传递

我们先来看一幅关于未来无人机作战设想的图片,如图7-1所示。

图7-1 未来无人机作战

从图7-1中我们看到了未来无人机作战的3种形态:无人机和有人机协同作战、多架无人机组网编队协同作战,甚至是蜂群式的大规模集群协同作战(见图7-2)。

(a) (b) (c)

图7-2 未来无人机作战的三种形态
(a)无人机和有人机协同作战; (b)无人机编队作战; (c)无人机集群作战

什么是无人机和有人机协同作战呢?

第一种作战形态:无人机作为有人机的僚机,无人机可以冲锋在前,并将搜集到的战场态势发给有人机,有人机飞行员决策后可以指挥无人机进行多目标的分配打击。目前,这方面比较著名的就是美国波音公司的"忠诚僚机"计划(见图7-3),"忠诚僚机"无人机具有"类似战斗机"的性能,机长38英尺(11.7 m),航程2 000海里以上(3 704 km),每架有人驾驶战斗机或预警机都可以指挥4~6架"忠诚僚机"作战,它有集成传感器工具包,不但能执行情报、监视、侦察以及电子战任务,也可以携带对空和对地武器(见图7-4)。

第二种作战形态:多架无人机组网编队协同作战。这种作战模式可以说是有人机编队作战引申而来的,可以想象,为了增强突防能力和节约成本,无人机个头一般都比较小,因此带载荷的能力比较弱,单架机的作战效能也就比较小,因此可以通过多架无人机分别携带不同的任务载荷进行协同编队飞行作战,有的无人机负责侦察,有的负责攻击,有的负责电子干扰等,彼此间进行实时的信息交互和相互支援,协同作战,这样可以使得作战效能大大提高。不得不说,这方面的研究,美国依然走在世界前列,2004 年 8 月波音公司就首次进行了两架X-45无人战斗机的编队飞行(见图 7-5)。这两架无人战斗机起飞大约 4min 后,它们在指定的地点汇合一起飞行,并通过 Link-16 数据链路通信,以保持它们的编队飞行。

图 7-3　波音公司"忠诚僚机"计划

图 7-4　电影《绝密飞行》中的有人机和无人机协同作战

图 7-5　跑道上的两架 X-45 无人战斗机

　　第三种作战形态:也就是无人机编队飞行的升级版——蜂群式的大规模集群协同作战。这种作战模式下的无人机个头更小,单机成本更低,单架可能只需要 1 万美金(见图 7-6)。想象一下,数十甚至数百架小无人机通过运输机或其它运载平台抛洒放飞,如蜂群一样向你扑来,即使你的防空系统打下几架,但你依然会承受巨大损失,尤其是当这种集群还有一定自主变换队形的时候会更可怕。无人机集群作战目前处于概念验证阶段,民用方面则主要是多旋翼集群秀。

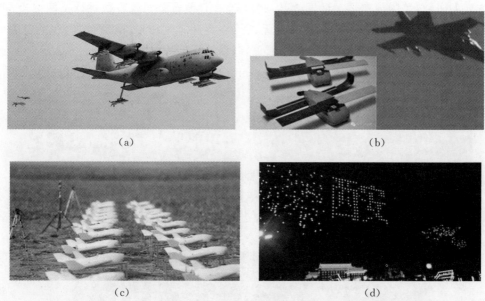

图 7-6　无人机集群飞行
(a)美国 DARPA 的"小精灵"项目;　(b)美军 3 架 F/A18 投放百架微型无人机
(c)中国电科 119 架固定翼无人机集群飞行;　(d)民用千架四旋翼集群表演

说了这么多,那么要实现未来这种多无人机的协同或集群作战的最最重要的前提条件是什么呢? 相互之间要能通信(见图 7-7)。尤其是集群作战模式,这需要强实时、高可靠性的通信支撑来处理和指挥无人机系统,这里面的通信技术是一个挑战。

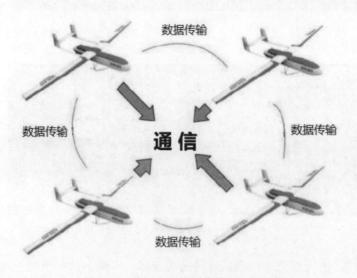

图 7-7　多无人机协同作战相互间通信

7.2 数据链——无人机的中枢

我们先来看一个简单的无人机系统构成图(见图 7 - 8)。这是一架常见的便携式小型无人机系统,麻雀虽小,五脏俱全。我们可以从图中找到:

无人机的发射系统——弹射架;着陆回收系统——伞降回收;指挥测控系统——地面站;动力系统——发动机;导航控制系统——自动驾驶仪,相当于无人机的大脑;数据通信系统——数据链路系统/数据链,相当于无人机的中枢神经,用来与外界进行信息传递的;任务系统——照相机和摄像机。

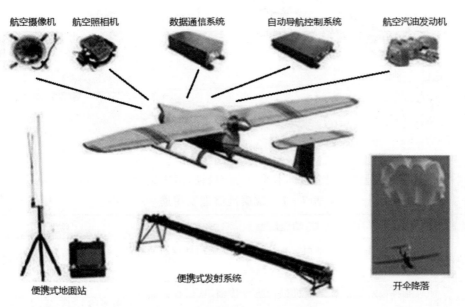

图 7 - 8 便携式小型无人机系统

无人机数据链是任务无人机、地面控制站之间,以及任务无人机与中继机、武器系统或其它操作平台之间,按照约定的通信协议和信息传输方式,进行指令交互、信息传递的无线通信链路,是保证无人机准确完成任务的重要途径(见图 7 - 9)。

地面控制站通过上行链路对实行作战的飞机发送遥控指令,以此来控制飞机的飞行姿态、飞行速度、飞行轨迹等,进行远程遥控。

飞机将采集到的战场侦察信息、自身的飞行状况通过下行链路发送到地面控制站以进行反馈,这个过程叫遥测。与此同时,敌方通过发送干扰扰乱数据链的正常工作。

无人机数据链系统主要有下述特征:

(1)实时性、可靠性和高精度。无人机的飞行状态受地面站控制命令的直接控制,因此不允许控制命令有太长的延迟,并且对控制命令的产生、发送、传输和接收的可靠性、精度等方面也有非常高的要求。

(2)抗干扰和安全性。在实际飞行过程中,飞机往往处在极其复杂的电磁环境中,当受到来自其它同频或相近频段的无线射频设备的信号干扰时,要求整个系统仍能正常通信。若在开放的环境条件下,传输通道中的数据被其它设备截获后,要求数据链必须具备较强的保密能力。

(3)通用性和标准化。数据链信息传输采用标准化的信息格式,包括帧格式、接口标准和传输速率等,对无人机系统中的各种数据信息进行规范化处理后,通过统一的信道传输,这样不仅提高了信息传输的效率,同时也提高了数据链系统的互操作性(见表7-1)。

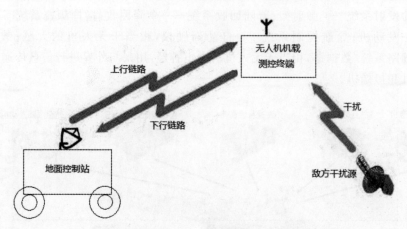

图7-9　单无人机数据链工作示意图

(4)小型化、模块化。机载设备要求体积小、质量轻,模块化设计便于维护和升级。

表7-1　数据链类型及用途

类型	功能用途	典型代表
测控数据链	在无人机飞行时,地面站通过对无人机飞行状况进行控制和任务设备的遥控遥测,定位跟踪	低频段的简单系统
指挥控制数据链	指挥控制平台对无人机进行指令传输,从而控制其态势等	美军的 Link-11,Link-16 等
ATC 数据链	用于与民航机有频域交互的无人机,实现交通控制和管理,防止碰撞	1090ES、VDL 等
侦察监视数据链	数据传输、控制一体化的宽带高速数据链,用于对无人机系统的信息实时传输与发送	美军的通用数据链等
作战协同数据链	无人机与其它平台,如中继设备、舰船等协同作战的信息交互,实现协同作战、防御等任务	战术瞄准网络技术等

上述我们用过的数据链实物如图7-10所示。

有的小无人机可以飞数十千米远,稍大点的无人机可以飞数百千米,而大型的军用长航时无人机甚至可以飞数千乃至上万千米远(见图7-11)。受到地球曲率、功耗及天线尺寸等约束,当无人机飞得很远的时候,传统的空地数据链已经满足不了作战需求了,此时无人机的数据通信主要有两种实现方法:①借助于卫星通信;②利用中继平台中继通信。

10km 级数据链　　　　　　　　50km 级数据链

图 7 - 10　几款小型数据链

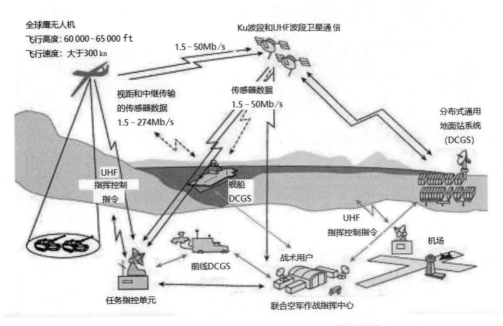

图 7 - 11　全球鹰无人机系统数据链工作示意图

大名鼎鼎的美军"死神"无人机和全球鹰无人机(见图 7 - 12),他们机头都有个大大的突起,这里面安装的就是卫星通信天线。

空中中继通信方面,也有专门的中继无人机,比如西北工业大学无人机所生产的 ASN206 中继型无人机,以色列"苍鹭"无人机。中继无人机的特点就是机身上背着大大的蘑菇天线(见图 7 - 13)。

数据链既然如此重要,自然也更容易成为敌方攻击的要害之一。

下述介绍两期可能和攻击无人机数据链相关的战例,为何说可能和数据链攻击相关呢? 因为这是个悬案。

(1)美军坎大哈野兽 RQ170 被伊朗诱捕的案例(见图 7 - 14)。

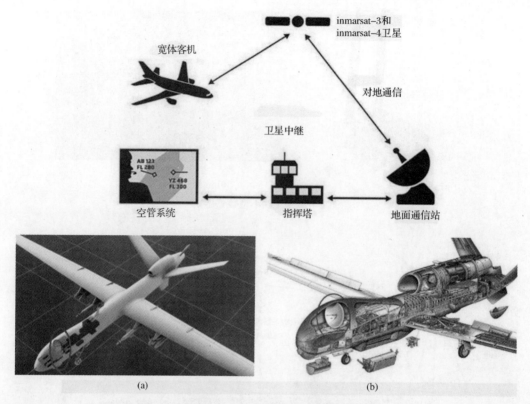

图 7-12 卫星通信无人机
(a)美军"死神"无人机卫星通信; (b)美军"全球鹰"无人机卫星通信

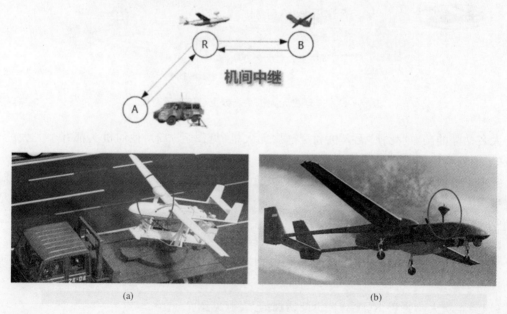

图 7-13 中继无人机
(a)中国 ASN206 中继通信无人机; (b)以色列"苍鹭"无人机

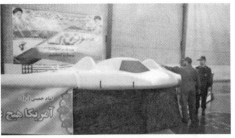

图 7-14 伊朗捕获美军 RQ-170"哨兵"隐形无人机

2011 年 12 月 8 日,伊朗电视台首次公开展示了外形前卫科幻、内藏高技术侦察装备的美军 RQ-170"哨兵"隐形无人机。画面中,这架浅褐色的无人机看上去完好,没有明显外体损伤。伊朗宣称劫持了这架 RQ-170 无人机的数据链路,并释放假 GPS 坐标,诱骗这架飞机降落至伊朗境内。随后美国政府首次公开承认无人机掌握在伊朗手中,但同时声称无人机发生故障,不得不降落。但是,以美军无人机的技术先进性,无人机故障即将落入敌对势力手中,而没有远程启动自毁程序,让笔者感觉应该是已经失去对这架无人机的控制,或者说已经失去联系了,至少它的通信链路是故障了。

(2)2019 年伊朗击落美军全球鹰的案例(见图 7-15)。

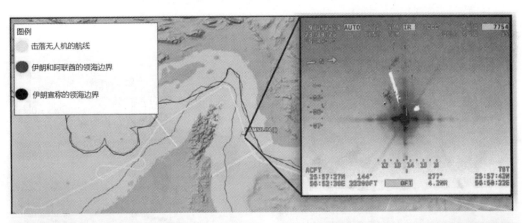

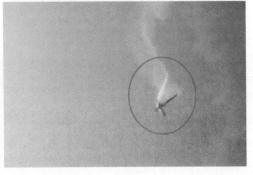

图 7-15 伊朗击落美军 RQ-4"全球鹰"战略无人机

2019 年 6 月 20 日,伊朗革命卫队表示,在伊朗南部荷姆兹甘省击落一架"全球鹰"美国无人侦察机,这架无人机在侵入南部考穆巴拉克县附近伊朗领空时遭击落。"全球鹰"无人机是美国最优秀的无人机之一,伊朗能击落美国的"全球鹰"无人机吗?伊朗曝出这个消息后,美国先极力否认:美国没有"全球鹰"无人机侵犯伊朗领空,更不可能有"全球鹰"无人机被伊朗击落。随后伊朗展示了无人机残骸,美国又转为承认,并威胁要进攻伊朗。

要知道RQ-4全球鹰无人机是最先进的无人侦察机之一,翼展超过波音747,一度被认为是美国无人机技术的最高成就,当然价格也贵的令人发指,一套装备高达2亿美元,比F-35还要贵。全球鹰战略无人机携带很多高端侦察设备,能够在15 000m高空清楚地拍摄到142km外的景象,即使其沿霍尔木兹海峡中线飞行,也能侦察伊朗境内200km的目标,完全没必要侵入伊朗领空去冒险。

有一种军事专家分析认为:伊朗先采取了电子干扰,攻击全球鹰的通信链路,致使全球鹰进入自动驾驶状态,然后再干扰其GPS,致使其误入伊朗领空。

随着以多旋翼为代表的民用无人机的普及,"黑飞"无人机扰乱机场的事件层出不穷,成都、重庆、云南等地机场都未能幸免,甚至有警方悬赏万元奖励线索提供者。

民用无人机反制枪可以通过发射干扰信号,切断无人机与控制器间的通信,扰乱GPS导航系统,从而迫使无人机自动降落或将其驱离。驱离和迫降是不同的,两种模式均会干扰无人机的定位系统,但驱离不会影响无人机操控者的操控,而迫降则彻底切断无人机和操控者的联系。总之一句话,民用无人机反制枪就是攻击了无人机的通信链路(见图7-16)。

图7-16 民用无人机反制枪

7.3 网联无人机

上一节介绍的数据链大多指的是专网数据链路系统,尤其是军用无人机,为了确保无人机数据链路系统的安全、可靠,会采用加密的专用网络,通常不会接入互联网。随着民用无人机行业正迅速发展壮大,对无人机通信链路也提出了新需求,并且越来越呈现出与蜂窝移动通信技术紧密结合的趋势,形成了新型的"网联无人机"。

那么,未来众多的民用无人机接入到互联网中,会是怎样的一种场景呢? 我们先来看一段 5G 网络的宣传图片(见图 7-17)。

图 7-17　5G 网络

这个宣传图片是国家工信部制作发布的,算是对 5G 的官宣吧。同学们看完有什么感想? 是不是很期待这样的生活场景。

关于无人机的应用场景只给了一段关于无人机送包裹的演示,实际上未来 5G 网络无人机的应用远远不止于送包裹,接下来我们一起探讨 5G 和无人机究竟能碰撞出怎样的火花。

开始介绍网联无人机之前,首先我们简单回顾一下通信手段的发展历程(见图 7-18)。

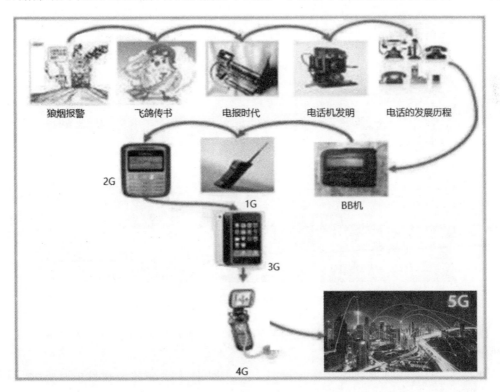

图 7-18　通信成长之路

在古代,人们通信的方式比较有限,军事上常用烽火台、狼烟,民用方面就是飞鸽传书、驿站等。到 19 世纪中叶以后,随着电报、电话的发明,以及电磁波的发现,人类通信领域才产生了根本性的巨大变革,实现了利用金属导线来传递信息,甚至通过电磁波来进行无线通信,使神话中的"顺风耳""千里眼"变成了现实。

从移动电话诞生的这二三十年,移动通信呈现爆发式发展,先后经历了 1G,2G 的语音通话时代、3G,4G 的数据业务时代、目前正快速步入万物互联的 5G,6G 时代。

1G:模拟信号传输,电话寻网效率低、价格高,通话业务为主,大哥大为代表。

2G:使用数字信号传输取代模拟信号,寻网效率高,短信+通话,手机开始普及。

3G:高速 IP 数据网络,在数据传输中采用分组交换,将语音等转换为数字格式,通过互联网进行包括语音、图片、视频等媒体内容在内的数据包传输。

4G:全 IP 数据网络,所有语音通话通过数字转换,以 VoIP 形式进行。

5G:超密集异构网络,大带宽、低时延、万物互联。

2020 年 3 月 4 日,中共中央政治局常务委员会上,决策层首次提出"新型基础设施建设"概念,而其中 5G 作为移动通信领域的重大变革点,是当前"新基建"排在首位的领域(见图 7-19)。不管是从未来承接的产业规模,还是对新兴产业所起的技术作用来看,5G 都是最值得期待的。实际上,我国重点发展的各大新兴产业,如工业互联网、车联网、企业上云、人工智能、远程医疗等,均需要以 5G 作为产业支撑;而 5G 本身的上下游产业链也非常广泛,甚至直接延伸到了消费领域。

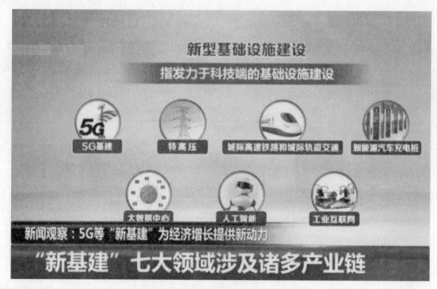

图 7-19 5G 网络特点

既然 5G 这么重要,国家这么重视,那么 5G 区别于前几代移动通信的网络特点和优势有哪些呢(见图 7-20)?

首先,5G 具有较高的数据传输速率,这也是 5G 技术发展的最初性能目标之一(见图 7-21)。前几代蜂窝网络提供了适用于手机的低数据率互联网接入,但是一个手机发射塔不能经济地提供足够的带宽作为家用计算机的一般互联网供应商,而 5G 可以。

图 7-21(a)所示对这几代通信技术的传输速度做了很形象地对比:如果说 1G 时代的网速像是在步行,那么 2G 时代就是骑自行车的速度,3G 时代的我们开始奔小康开汽车了,到了 4G 时代我们人人都坐得起飞机了,那么正在步入的 5G 时代,其网速就像坐火箭。

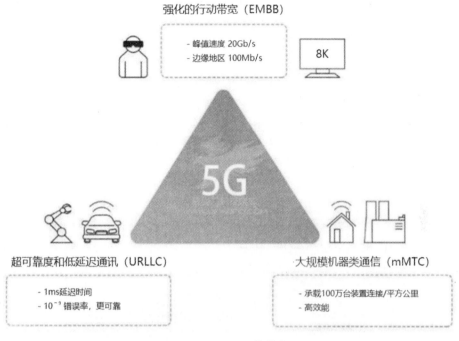

图 7-20　5G 网络特点

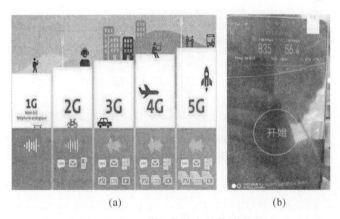

(a)　　　　　　　(b)

图 7-21　几代通信技术的传输速度

图 7-21(b)所示为 2019 年上半年我们"魅影"团队联合华为公司开展固定翼无人机＋5G技术验证时在地面测试得到的测试速度,飞机携带 5G 微基站在头顶盘旋,手机在地面测试接收到的 5G 信号强度和上网速度。可以看到,其下载速率高达 835Mb/s,可以在 1min 内下载一部 4K 超清电影,这个速度比 4G 快了 100 倍。

5G 的第二个明显特点就是超低的时延性,我们知道,网络传输是必然会存在时间延迟的。那么为什么网络的时延性很重要呢?顾名思义,时延带给你的直观感受就是响应的实时性。举个简单的例子,早期的一些 VR 头盔会给人带来眩晕感,而且随着玩的时间加长,这种眩晕感越重,这其实就是因为数据传播的速度跟不上我们大脑和眼睛的反应时间,两者产生了一个时间差,虽然看起来非常小,但却能在我们的身体上产生很大的反应。5G 的低时延性,使 VR

的发展瓶颈得以突破，所以未来说不定我们也会像《头号玩家》里都能在"绿洲"上畅游。再举个例子，目前的无人驾驶虽然已经上路，但是技术相对来说还不是很成熟，其中网络的低延时就是自动驾驶的第一道门槛，想象一下，一旦前方发生危险，车已经快撞上了，而网络传回的数据还是上一秒的图像，那么自驾系统的响应也会慢一拍，车毁人亡的悲剧将不可避免。

在 4G 时代，根据第三方网络测试机构 Open Signal 的测试结果，时延最短的是 LTE，为 98ms，而 5G 网络的理论最小时延仅 1ms，比 4G 提高了仅 100 倍，我们实测下来 5G 最大时延 39ms，最小时延十几毫秒，这和测试环境也有关系（见图 7 - 22）。

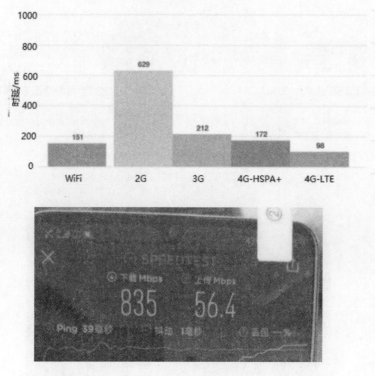

图 7 - 22　时延测试结果

5G 的第三个主要特点就是超大接入量，这在万物互联的时代是必须具备的能力，比如一个智能工厂，可能会有成千上万台设备需要同时接入网络。举个例子，3G/4G 时代，如果万人聚集在一个大型足球场看球，那么大家同时围着一个信号塔打电话是会发生通信堵塞的，因为它的接入量是有限的，这也解释了为什么会有多个应急通信车在场馆周围进行通信保障。而 5G 则将这种连接容量提升了 10～100 倍（见图 7 - 23）。

其它方面，5G 比 4G 更大的优势是移动性更快了，这个特性对我们民用无人机很重要，因为这决定了我们无人机能飞行的速度上限。为什么这么说呢？同学们知道多普勒频移原理，当信号源快速运动时，其发射的电磁波波长会随着运动速度的变化而发生改变，进而导致信号的频率发射变化，而且运动速度越快，其频移现象越严重（见图 7 - 24）。而 5G 由于选择了更高频段，其应对这种频移的能力也更强了。

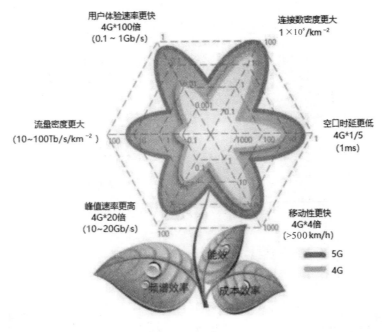

图 7-23　5G 网络能力

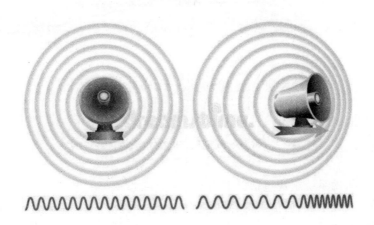

图 7-24　多普勒频移

　　现在开始探讨无人机和 5G 的结合应用问题。

　　图 7-25 所示为无人机不同应用场景下对 5G 网络在时延和传输速度方面的能力需求，这两种能力也是无人机应用最关注的两种能力：可以看出，多无人机集群飞行对网络的时延和传输带宽要求是极其苛刻的，可以说当前的 5G 网络也未必能够满足集群飞行的需求。

　　图 7-26 所示为未来 5G 网联无人机系统应用解决方案。5G 网联无人机的无人机终端和地面控制终端均通过 5G 网络进行数据传输和控制指令传输，并通过业务服务器加载各类场景的应用。

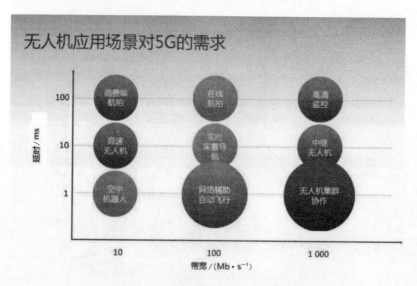

图 7 - 25 无人机应用场景对 5G 的需求

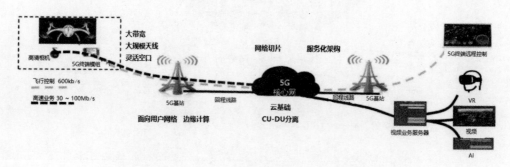

图 7 - 26 5G 网联无人机系统应用解决方案

7.4 网联无人机的系统组成

未来网联无人机的系统组成包括以下内容。

(1)六大部分:飞控系统、通信系统、导航系统、机载计算机系统、任务载荷系统以及安全飞行管理系统(见图 7 - 27)。

(2)飞控系统及机载计算机系统:无人机的大脑,使网联无人机实现高可靠、稳定的飞行操作,并向智能化和微型化升级,使得网联无人机具备智能环境感知、智能识别以及能力开放的能力。

(3)通信/导航系统:无人机的中枢系统,使得网联无人机具备低时延、大带宽超视距远程控制、路径规划、自主导航、集群飞行的能力。

(4)安全飞行管理系统:无人机的小脑,未来需要具备认证、实时安全加密的能力。

(5)任务载荷系统,载荷数据的实时联网传输、本地/云端系统的智能化分析能力。

图 7 - 28 所示是华为 5G 终端模组,用于无人机接入 5G 网络。

①飞控系统
* 高可靠、稳定
* 微型化、轻量化
* 智能化、高效

②通信系统
③导航系统
* 低时延、大带宽超视距远程控制
* 路径规划、自主导航
* 高精度定位
* 集群飞行

④安全飞行管理
* 证
* 安全加密

⑥机载计算机
* 环境感知、智能识别
* 二次应用开发

⑤任务载荷系统

图 7-27　网联无人机的系统组成

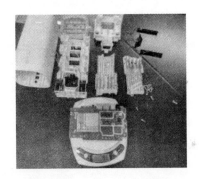

图 7-28　华为 5G 终端

　　2019 年 7 月 9 日,西北工业大学周洲教授所带领的"魅影"团队在陕西电信、华为公司协同配合下,完成了固定翼 5G 无人机在高度 80～100m 空域、速度 25～27m/s 的环境下,实时高清图像回传的目标任务。此次成功飞行推动了固定翼 5G 无人机的商用进展,意味着国内首家自主研发的固定翼 5G 无人机的诞生,也标志着我国 5G 创新应用试验平台具备了 5G 低空数字化建设标准的研究能力(见图 7-29)。

图 7-29　西北工业大学 5G 无人机创新应用试验平台

网联无人机的概念在 4G 时代就已经提出来了。以下是 3 个阶段的展望(见图7-30)。

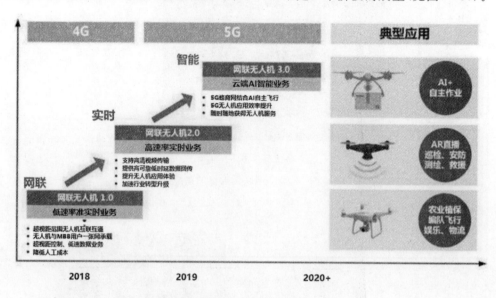

图 7-30　网联无人机三阶段展望

2018 年实现低速率准实时业务的目标已经实现,现在展示一下我们使用过的一款 4G-LTE 无人机图数一体模块(见图 7-31)。

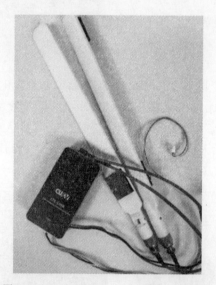

图 7-31　4G-LTE 无人机图数一体模块

其工作原理与传统数据链具有机载和地面两个电台相比,它只有一个基站模块,将该基站模块安装在无人机上,并作为通信模块与无人机飞控系统相连,无人机在具有 4G 塔基站的空域飞行,飞控系统通过该模块将飞行信息发送给地面 4G 塔基站,进而进入互联网,并上传至互联网上指定的服务器上,然后地面站电脑连接互联网并登录该服务器就可以查看到无人机的飞行信息。同样地,地面站电脑也可以发送飞行指令和任务指令给服务器,再由服务器上传至塔基站传递给无人机,实现地面站和飞机之间的通信交互。

相比较 4G 网络,5G 网络能力满足了绝大部分无人机的应用场景的通信需求,无人机的联网,已经先在 4G 网络中实现了部分应用,用 5G 能够做得更好、更完善,网联无人机将驱动多类场景应用升级。为满足自主飞行、编队等未来更加自动化和智能化的无人机应用需求,将对移动通信网络的能力提出更高的要求(见表 7-2 和表 7-3)。

表 7-2 4G 网络对无人机应用通信需求的满足度

	物流	巡检安防	测绘	农业	直播	编队	自主飞行
覆盖高度	末端满足支线 3 000m	常规满足油气 1 000m	满足	植保满足勘测满足	满足	满足	部分满足
下行	满足当前 100kb/s 需求,不满足未来自主飞行需求						
上行	当前部分满足 2K 远控	部分满足 2K 远控不满足未来 4K	部分满足 2K 远控不满足 4K+激光	100kb/s 2K 7.5Mb/s	不满足	满足	不满足
时延	满足					部分满足	不满足
可靠性						有挑战	有挑战
连接数						有挑战	
定位	高			高		高	高

表 7-3 5G 网络对无人机应用通信需求的满足度

	物流	巡检安防	测绘	农业	直播	编队	自主飞行
覆盖高度	末端满足支线 3 000m	常规满足油气 1 000m	满足	植保满足勘测满足	满足	满足	部分满足
下行	满足当前 100kb/s 需求,满足未来自主飞行需求						
上行	满足当前与未来 2K,4K,6K 视频传输需求						
时延	满足						
可靠性	满足						
连接数	满足						
定位	高			高		高	高

7.5 网联无人机发展趋势

未来网联无人机发展趋势如图 7-32 所示。

网联无人机应用需要首先满足两大基础要求:一是管理,二是低空覆盖(见图 7-33)。

下面我们看看 5G 网联无人机具体有哪些行业应用呢(见图 7-34～图 7-39)?

无人机发展趋势1：从消费者玩具到行业工具

基础设施	电力、基站巡检，矿场勘探
农业	农作物监测、土壤分析、植保
交通运输	快递
安全	公共安全、预警
媒体娱乐	航空拍摄、广告、特别事件
保险	风险评估、监测
矿业	规划、勘探、监测生产

	人工喷洒	无人机作业
效率	10-20亩/（天·人）	300-400亩/（天·机）
作业费用	20元/（亩·次）以上	8-15元/（亩·次）
用药量	农药和水用量大	比人工节水90%、节约农药30%以上
精度及效果	容易漏喷或重复喷洒	可规划线路，覆盖效率高
其它	存在人工中毒风险	安全性高，准备工作多等

无人机发展趋势2：从本地控制到超视距飞行

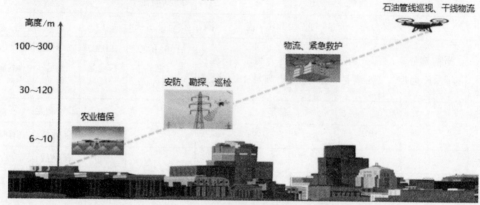

图 7-32　网联无人机的发展

无人机管理基础：安全管理、交通资源管理

安全管理：身份识别、实时跟踪、电子围栏

监管方	监管需求
民航局	● 实名制 ● 起飞在线申报 ● 飞行实时监视
工信部	● 生产、销售准入制 ● 可信、非可信均可监管
公安部	● "落地查人" ● 飞行过程可回溯

低空数字化：能使无人机进入千行百业，构建未来立体交通

图 7-33　5G网联无人机行业应用

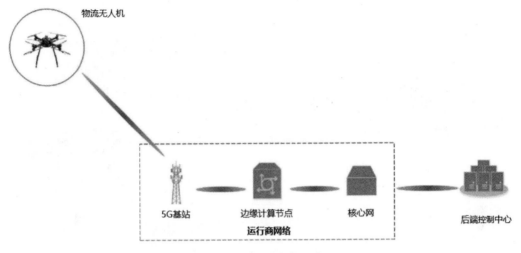

图 7 - 34　无人机物流示意图

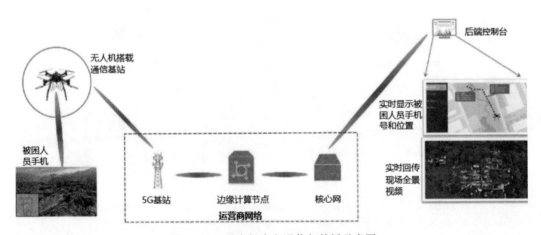

图 7 - 35　无人机应急通信与救援示意图

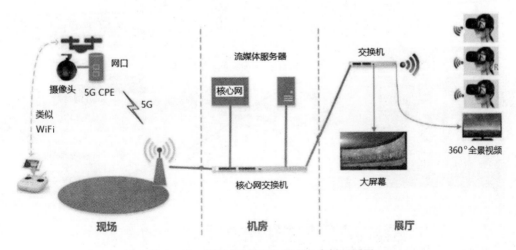

图 7 - 36　基于 5G 的无人机 VR 直播组网图

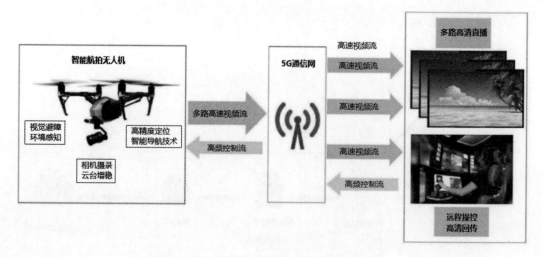

图 7 - 37　基于 5G 的无人机高清直播示意图

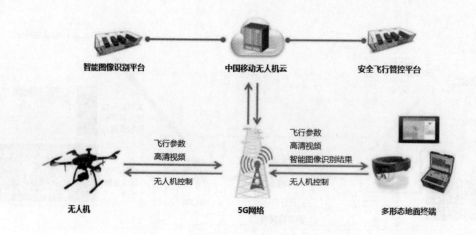

图 7 - 38　基于 5G 的无人机城市安防系统

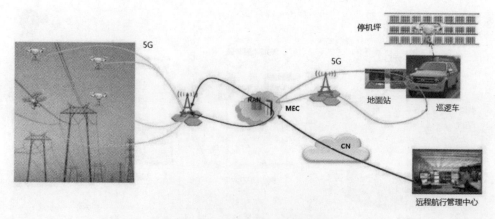

图 7 - 39　无人机电力巡检示意图

未来网联无人机面临的挑战主要有两类:①技术方面面临的挑战(见图 7-40);②安全方面的风险(见图 7-41)。

凡是进入公共互联网的,都不可避免地存在网络带来的安全风险。

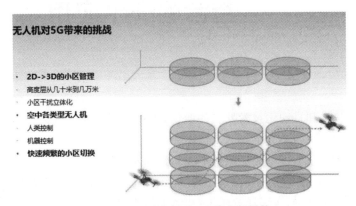

图 7-40　无人机对 5G 带来的挑战

图 7-41　安全风险

技术挑战好办,提高技术攻关就行。网联无人机带来的公共安全问题必须严肃对待,目前网联无人机的安全管理问题已经提到了政府管理议程(见图 7-42)。

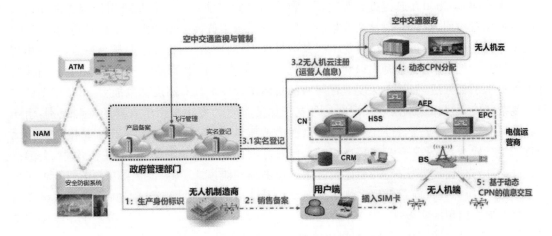

图 7-42　蜂窝网联无人机交通管理架构

第8章　无人机与人工智能结合的一个应用

无人机是航空技术和自动化技术发展的产物,正在向智能化方向发展。无人机可携带多种设备,应用于不同的场景,具有不同的工作属性,如携带拍照摄像设备,可以实现高空全景俯拍;携带无线数据采集设备,可以对地面携带无线数据发射器的动植物进行监测。但载荷和无人机构成一体时,并不能直接完成你希望的高端连续任务。它给你带来方便之时,也同时给你带来了后期巨大的工作量,如何实现智能化,让无人机直接完成终端任务,这是需要进一步基于任务进行开发的工作,也就是实现无人机+AI的高附加值。

"绿水青山就是金山银山",无人机在生态保护上也能肩负重任,这里给出"魅影"团队在无人机对野生动物的检测与识别方面所做的工作,可以看看采用无人机+人工智能中的深度学习之后,在生态保护方面能发挥的作用,以及需要开展的研究。

无人机在野生动物保护领域的应用,是近年来兴起的一种全新尝试,拥有人工考察和保护所无法比拟的优势。它的使用不受时间、空间、气候、环境以及地形等自然条件的限制,能大量节省人力、物力的损耗,可直接获得野生动物活动和保护等信息,了解野生动物的生存现状、迁徙途径,监控是否有野生动物被猎杀等情况,还具有监视面积覆盖广、小巧轻便易携带、效率高等优点。无人机还可实现对野生动物的近距离观察,进一步鉴别野生动物种类、性别、健康状况等,总的来说,无人机的应用与发展是野生动物考察和保护中必不可少的新"伙伴"。

将无人机应用于野生动物保护,需要解决的核心关键技术是:如何从复杂背景的无人机航拍图像中自动、准确地检测、识别、统计出所关心的动物。由于野生动物生活在复杂的地形与多样的气候带,无人机飞行获取的野生动物图像,会存在背景环境复杂、飞行高度差异带来图像分辨率不同、动物相互遮挡重叠等问题。传统的目标识别方法主要是采用传统的滑动窗口进行特征比对检测,难以实现复杂背景、不同分辨率、密集群体类型的野生动物的检测与识别,如在统计野生动物群的数量时,可能由于其数量庞大、动物微小、特征不明显等特点,容易出现漏检等情况。近年来,随着模式识别、人工智能和大数据等技术的发展,为复杂环境下图像目标识别提出了新方法,如基于深度学习网络的目标识别技术具有高度抽象能力,可很好地解决面向复杂环境下目标识别问题。现在这种基于深度学习的方法常用于人群的检测识别,由于人脸特征清晰,识别度高,特征种类多,可以准确地辨认出,从而检测率高,识别精准度好。而动物的特征较少,还常常受背景环境与阳光照射影响而发生变化,甚至在航拍图像中,会因高度、视角等因素,出现特征损失,相比人群图像检测识别难度大。这里拟采用人工智能中深度学习技术,解决无人机航拍野生动物保护区动物自动检测、识别与统计问题,增强无人机在野生动物保护中应用的实效性。下面是"魅影"团队为无人机上西藏高原进行藏羚羊生态保护的应用研究,这个成果结合无人机后,可以实现大范围自动统计藏羚羊数量的目的。

8.1　无人机航拍下藏羚羊的检测

8.1.1　无人机俯拍视角下藏羚羊检测

运用无人机航拍对羊群进行检测,其视角多变,整体可分为三类视角:正视图视角、斜视图视角和俯视图视角。在不同的视角下,羊群的特征显示不同,运用同一种算法进行检测其效果也不尽相同。一般正视图视角很难准确拍摄到,绝大多数是斜视图视角和俯视图视角,因此检测工作主要针对俯视图和斜视图这两个视角进行研究。

由于航拍藏羚羊时无人机会在不同的高度下飞行,这就会得到不同分辨率的藏羚羊航拍俯视图。对不同分辨率的藏羚羊航拍俯视图进行羊群检测,也就是要实现对小目标的检测,其难度在于小目标只有数十至几个像素,从而导致卷积网络可提取的特征语义信息非常少,甚至出现一个目标在高层的特征图上显示为一个点的极端情况。因此需要通过多层特征融合的方法实现多尺度目标的检测,从快速卷积神经网络方法(Faster R-CNN)和特征金字塔网络方法(FPN)这两个方法分别进行研究。

处理无人机对野生动物的监测视频或图片时,还存在很多困难,有时甚至不能直接把图片送入检测网络中进行处理。因为野外地形复杂,在高空俯视图中还会发现很多树木、石头、土包等其它对象,对羊群检测易造成干扰,即在检测中会被误判。还有很多羊群会躲避在树林、杂草中,对检测带来了很大的难度。另外,羊群等动物们都是有保护色的,常常与背景融为一体,人们的肉眼有时都很难观察出来。此外,太阳光线,也会对图像造成影响,当云层厚重时,光线暗淡,图片中会是一片灰暗的。对于这些复杂背景和气象条件下图片,不能直接用Faster R-CNN网络进行检测,需要先进行图像预处理,分离出检测目标,再送入Faster R-CNN网络中进行检测,才能实现复杂背景和复杂气象条件下羊群的检查。

1. Faster R-CNN 和 FPN 方法

Faster R-CNN算法对于单一尺度目标的检测具有较好的效果,且技术方法也比较成熟。若直接用于无人机的航拍图像中,Faster R-CNN网络训练出来的特征数据集为一种尺度,在检测验证时发现,有些与训练尺度相差较大的羊群无法被检测出,如图8-1所示。这是由于无人机飞行高度多变,携带设备不同,使得获取的羊群目标尺度不一,从而需要训练各种尺度的目标样本,极大地增加了训练工作量,训练效率降低,检测精确度下降,对于小目标的检测效果较差。因此,下面继续采用特征金字塔网络方法(FPN),可有效地改善Faster R-CNN方法中单一尺度问题,还可有效地提高对小目标的检测率。

图 8-1　Faster R-CNN方法检测结果实例图

特征金字塔网络(FPN)是一种自顶向下的特征融合方式,可用于多尺度目标检测,即有多个特征预测层(见图8-2)。FPN 的提出解决了之前运用多尺度特征融合进行检测时的问题,即只利用融合后的一种单一尺度特征进行检测,虽然能提取并融合顶层和底层的特征语义信息,但会出现很多偏差在特征反卷积过程中,使检测精度降低。

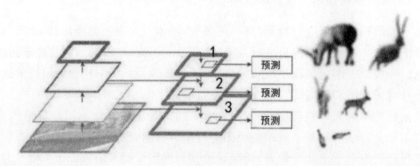

图 8-2　FPN 模型示意图

FPN 方法虽然有多个预测层,可实现多尺度目标检测,但单向的传递路径使得高层信息在传递后存在缺失,检测效果也受其影响。

2.复杂背景下的羊群检测

无人机对野生动物监测的视频或图像的背景属于一种大场景,这种场景所包含的不仅仅是单纯的藏羚羊,还包含其生存的生态环境。野外的环境与田园牧场的空旷平坦不同,其地形复杂多变,植被繁多,阳光也因多样的地貌而无法均匀的照射,明暗不均。这些因素都会给藏羚羊的检测带来干扰,如石头、土包、树木会随时成为干扰物体。野外的动物为了生存,都是具有保护色的,常常会与地面融为一体,即动物与背景的颜色对比度小,用眼睛观察都会出现遗漏,用电脑来检测判断难度会更大。因此,对于这类的图像,在检测前需要先进行处理,分离出检测目标后再送入训练好的 Faster R-CNN 网络中进行检测。

(1)图像灰度化处理。复杂背景图像灰度化处理后,使周围背景模糊虚化,减少了干扰,还使得羊群轮廓特征变得清晰,能更好地在卷积网络中被检测。图 8-3 所示是进行灰度处理的实例效果图。

(2)灰度图像边缘检测方法。边缘检测就是提取图片中目标的轮廓线,也就是与背景的交界线。在灰度图中,边界区域会出现灰度突变的情况,可以用灰度分布梯度来反映,因此可采用局部图像微分的方法实现边缘提取。

1)基于 Faster R-CNN 的多尺度特征检测。现在介绍利用 Faster R-CNN 的多尺度特征检测方法获得的检测结果。

由图 8-4 可以看出,基于 Faster R-CNN 多尺度检测方法能很好地检测出俯视图视角下,羊与背景对比度较大的稀疏型羊群。

由图 8-5 可见,无人机在不同高度拍摄的不同分辨率、不同尺度的羊群,对于大尺度的羊检测效果较好,对于小目标羊群漏检较多。

由图 8-6 可见,羊群与背景对比度小(颜色相近)时,羊群的特征较难提取,检测效果较差;羊群过于密集,尺度过小,特征模糊不清时,松散区的检测效果较差,最密集区域的羊群无法检测。

图 8-3　灰度处理结果实例

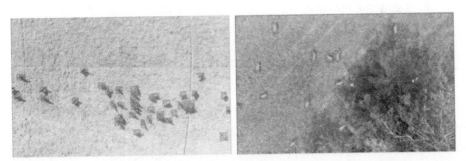

图 8-4　俯视图视角下,羊与背景对比度较大的稀疏型羊群检测效果

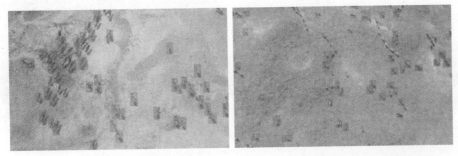

图 8-5　无人机在不同高度拍摄的不同分辨率、不同尺度的羊群进行检测的结果

图 8-6　左图羊群与背景颜色相近；右图羊群密集

2)基于 FPN 与 Faster R－CNN 融合的多尺度特征检测。图 8-7 所示为基于 FPN 与 Faster R－CNN 融合的多尺度特征检测方法所获得的检测结果。

图 8-7　FPN 与 Faster R－CNN 融合的多尺度特征检测结果图

通过图 8-7 的检测结果显示，该融合方法的检测效果较为满意，基本上能较完整的检测出图像中的藏羚羊。

3)复杂背景下的实例检测。通过前面检测结果显示，树丛的遮挡、羊群与背景的小对比度、影子植被的干扰，这些都影响了检测精度。当干扰因素过多时，就成了复杂背景。

针对实际的航拍图像进行复杂背景下的藏羚羊进行了检测应用。运用边缘检测方法检测的结果实例如图 8-8 和图 8-9 所示。其中，图 8-8 所示为存在影子和植被干扰的复杂背景图，图 8-9 所示为藏羚羊与背景颜色存在不同对比度的复杂背景图。

图 8-8　影子植被干扰实例图和边缘检测结果

在图 8-8 中，通过边缘检测结果与原图对比分析可得，土地上的影子干扰在边缘轮廓提取后减少了。但却出现了羊的颜色与土地的颜色接近，且光照因素影响，导致羊的轮廓不清晰，边缘灰度梯度变化不明显，无法提取出轮廓，检测出现遗漏。水中的植被颜色浅，水的颜色深,即边缘灰度梯度变化较大,在边缘轮廓提取时,容易出现植被轮廓被提取出,给后面的检测带来干扰。因此,对于这种复杂背景下的图像,采用边缘检测法效果较差。

图 8-9　不同对比度实例图和边缘检测结果

图 8-9 所示为两种对比度的复杂背景图,陆地上的羊与背景的对比度小,边缘灰度梯度变化不明显;水中的羊与背景的对比度大,边缘灰度梯度变化明显。右边的检测结果清楚地显示,对比度大的区域,藏羚羊轮廓完整清晰,可较好地被检测出;对比度小的区域,藏羚羊轮廓残缺,有的甚至无法被提取,检测效果较差。

这两张图都是针对小目标试验的,其检测效果不好,不仅是对比度的影响,还存在轮廓特征信息少的原因,如水中植被的轮廓与羊背部轮廓相似。若目标尺度再大些,则轮廓特征会相对清楚明显,与背景干扰物的轮廓相比会有较大差异,同时边缘灰度梯度变化范围相对更广,再用该方法进行检测,检测效果会比小目标的好,如图 8-10 所示。

图 8-10　大目标边缘图的检测

8.1.2　无人机航拍斜视视角下遮挡重叠密集羊群检测

在斜视图视角下,羊的形态特征比俯视角的特征多,且相对清晰些,但对密集群体性动物检测时,目标动物不仅尺寸不同形态多变,若只依靠单模板的多尺度检测方法会出现漏检。另外,密集群体性动物还存在遮挡和重叠,更会出现漏检和不准确情况。下面主要针对无人机航拍斜视图视角中在有遮挡、重叠的密集羊群检测问题,采用一种改进的 YOLOv3 方法,提高无人机航拍斜视图视角下有遮挡、重叠的密集羊群的检测效果。

1. 基于 Finding Tiny Face 方法的目标检测

在人脸检测时,由于都是对正脸的检测,就只有一种形态。而羊的形态多变,侧面,正面,背面以及低头吃草的形态都是不一样的,因此,需要提取出这四种图像进行特征模板搭建,如图 8-11 所示。

图 8-11　多尺度不同形态图

(a)不同姿态的固定尺度模板；　(b)不同姿态的多尺度金字塔模板；　(c)不同姿态的多尺度金字塔模板与图像金字塔

　　图 8-11(a)所示为固定尺度模板，搭建图像金字塔，通过缩放图像，使得图像中目标尺度与模板尺度相近后进行检测，由于像素等因素干扰，会使得检测效果不好；图 8-11(b)所示为

图像固定,训练多尺度金字塔模板,这种方法虽然可以比较好的对不同分辨率的目标进行检测,但无法覆盖全部的目标尺度,同时,某个尺度还可能因训练样本不全而无法训练。为了弥补这两种方法的缺陷,可将这两个方法进行结合,如图 8-11(c)所示,训练 3 种尺度模板后,通过图像金字塔缩放检测图像,让各个模板检测一个范围的尺度目标,这即避免了像素等因素干扰,又能弥补训练样本不足的缺陷。

2. 基于 YOLOv3 方法的目标检测

Finding Tiny Face 方法中的多种角度形态分开训练,出现了重复现象,比如侧面形态与背面形态有部分相似,抬头与低头的形态也是相似的,加大了训练检测的工作量,降低了整体的功效。为了减少这些冗余,可采用 YOLOv3 的方法,其添加的 3 种尺度训练与上面讲述的多尺度多模板训练方法相似。

采用改进的 YOLOv3 方法(加入了上下文模型)进行遮挡羊群检测,检测结果如图 8-12 所示。

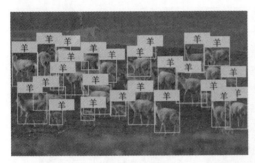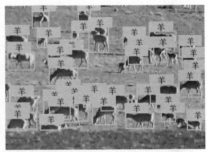

图 8-12　有遮挡的羊群检测结果图

从上面两张结果图中可看出,加入了上下文模型的 YOLOv3 方法,对于遮挡的羊群检测率明显提高,检测召回率(Recall)达到了 82.6%。

但被遮挡的羊群还是无法 100% 被完全检测出来,这是因为受到了颜色、光照、阴影等因素的干扰,使得重叠的轮廓特征很难完全被识别出来,而且相同颜色信息也对内部语义信息提取造成了干扰。还由于羊的外貌特征也相对少,远处拍摄所得的羊群语义信息有缺失、不清晰,也增大了检测的难度。这将是以后需要进一步深化研究的。

8.2　无人机航拍下动物识别方法

由于无人机航拍视场范围大,图片中可能会出现不同种类的动物,需要在不同动物的集群中确认出你要检测的动物,因此,进行识别非常重要(见表 8-1)。这里动物识别所用的深度学习方法,是继续采用 YOLOv3 方法。

这里的试验是选取野外实际航拍图像进行测试,对图像中的各类动物进行识别。

从图 8-13 所展示的六类动物识别实例看出,当动物形态特征相差比较大时,能比较准确地获取其类型。但在外形特征相近时,再受到光线、像素等外界干扰就会产生误判,如图 8-13(d)所示的斑马的识别中,阳光照射在群体中会出现遮挡情况,有些斑马的条纹特征在阴影中会很不明显,且其外形特征又与马的外形相似。因此在无法识别出斑马条纹特征的情况下,识别网络很容易就将其误判为马,识别查准率(Precision)也随之会降低。但还是能有效地将动物进行类别的区分。

表 8-1　各类动物的召回率和查准率

动物名称	召回率（Recall）	查准率（Precision）
鸟	0.81	0.92
马	0.76	0.66
羊	0.80	0.91
牛	0.80	0.90
大象	0.83	0.93
熊	0.86	0.94
斑马	0.70	0.69
长颈鹿	0.85	0.93

图 8-13　动物群实例识别结果

(a)大象的识别；　(b)熊的识别；　(c)鸟的识别；
(d)斑马的识别；　(e)牛的识别；　(f)长颈鹿的识别

8.3　无人机航拍下羊群数量统计方法

在无人机航拍场景下,一般具有动物群庞大、视角多变等特点。对于密集型羊群自动统计问题是解脱人工的一项重要工作。

(1)俯视图稀疏羊群数量统计。在俯视图视角下,羊群稀疏时,基于检测的方法能快速精准的检测图片中的目标,此时加入一个计数器就可统计检测框的数量,如图 8 - 14 所示,对于这种场景的统计数量与实际数量较为吻合。

图 8 - 14　稀疏羊群检测框统计:统计结果 42

(2)俯视图密集羊群数量统计。若羊群过于密集,如图 8 - 15 所示,羊与羊间距微小、遮挡严重,检测就很难实现。且无人机飞行高度高,拍摄分辨率低,也使得检测无法很好地进行。图 8 - 15 所示是按照传统的检测计数方法进行的统计,统计数量为 49,明显与实际数量相差太大。因此这种情况就无法再继续使用基于检测的统计方法来估算羊群的羊数量了。

图 8 - 15　采用传统方法进行密集羊群检测框统计:统计结果 49

(3)斜视图羊群数量统计。图 8 - 16 所示为斜视图视角下的羊群,其数量同样的庞大,依据图像特点分析可见,近处的羊间距较大、特征清晰,可较容易检测出;但远处的羊尺度缩小,特征也变得模糊不清,再受到拍摄设备分辨率的影响,检测会更加困难。采用基于检测的统计方法,通过统计检测框数量的方法来完成羊群数量统计,统计结果为 118,也是与实际数量不符的。因此,这也说明了,在斜视图视角下,使用基于检测的统计方法来估算羊群的羊数量也是不合适的。

为此,需要研究俯视图密集型和斜视视角的统计方法。

图 8-16   斜视图视角下羊群检测框统计:统计结果 118

8.3.1   俯视图密集场景下的数量统计方法

俯视图视角下密集型羊群的特征与密集型人群的特征相似,都是群体密度大、目标之间遮挡严重、分辨率低、背景复杂等因素影响,降低了检测的精确率,尤其在小目标检测中,会存在大量的漏检,无法使用传统的检测或回归方法完成统计。随着卷积神经网络算法在计算机视觉领域的研究发展,密集群体的数量统计问题也得到有效的解决,但目前的群体目标基本是针对地面拍摄的人群的研究,对于航拍动物目标的统计还是非常少。

表 8-2   MCNN 测试结果

原 图	密度图	统计值
		168
		1 473

表 8-2 为 MCNN 的测试结果,结果表明,MCNN 卷积神经网络对于密集型动物群体的数量统计也是可以实现的,且通过密度图可直观地了解到图中羊群的分布情况。这种方法还降低了设备像素或外界环境等因素干扰,有效地解决了羊特征提取困难的问题。

通过统计结果显示,由密度图计算获得的统计数据与真实数据相比,还是存在一定的误差,没有达到对人群统计那么好的效果。这是由于在训练卷积网络过程中,野生动物大场景羊群图像较难获取,训练样本数量比人群样本数量少,导致训练模型容易出现"过拟合现象"(即训练数据效果较好,但测试数据时会存在较大误差)。同时,在用 MCNN 网络模型对人群进行统计训练时,是通过提取未遮挡人头处的特征,在高斯模型中通过 k 个相邻人头距离得到的。但羊的特征没有人头特征清醒明显,加之也受到背景环境影响,降低了单只羊的检测数,且羊的遮挡比人群遮挡更严重,采用距离估算时,也影响了密度图计算结果,这些都是产生数量统计误差的因素。然而从全部的数量统计结果分析可得,MCNN 网络密度图方法对于密集羊群的数量统计还是有效的。

8.3.2　斜视图视角下的数量统计方法研究

斜视图视角下的羊尺度不同,近处的羊尺寸大、特征清晰,能很好地被检测出来,但远处的羊尺寸小,分辨率低,且羊与背景环境相近,人眼直接观察都比较困难,运用计算机检测就更加困难了。因此,对于远处不清晰的羊的检测统计,可以等无人机飞近后再拍摄检测。如图 8-17 所示为斜视图视角下的羊群视频提取图,图 8-17(a) 为图 8-17(b) 图远景飞近后拍摄的图片。

(a)　　　　　　　　　　　　　　(b)

图 8-17　斜视图视角下羊群图

若运用这种移动视角拍摄的图片完成羊群数量统计,则会存在重叠问题。因此,在统计前需要对图片进行处理,提取出重叠部分(见图 8-18、图 8-19)。

图 8-18　特征点匹配

图 8-19　重叠区域提取

在获取了重叠区域后,羊群数量的统计就是图 8-17(a)的数量只统计非重叠区域的检测框数,加上图 8-17(b)图的检测框数。如图 8-20 所示,图 8-20(a)的检测框总数为 34,非重叠区域的检测框数为 9,图 8-20(b)的检测框数为 56,因此这群羊的总数为 65。

图 8-20　检测框数量统计

以上这组图为无人机直线飞所拍摄的。若在转弯条件下,同理可提取出重叠区域,如图 8-21所示,左边图像中检测框数 42,右边图像中检测框总数 44,其非重叠区域检测框数 3,统计结果为 45。

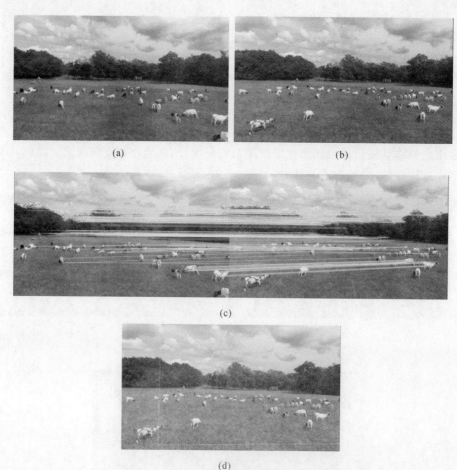

图 8-21　拐弯的图像匹配

(a)转弯后图像；　(b)转弯前图像；　(c)特征点匹配；　(d)重叠区域提取

(e)

续图 8 - 21　拐弯的图像匹配

(e)羊群检测结果图

通过图 8 - 19 以及图 8 - 21 两组图的匹配结果证明,在筛除重叠区域的数量后进行基于检测的数量统计,统计的结果与真实数量接近。但直线飞行背景下的数量统计精确度比拐弯飞行背景下的数量统计精确度低。数量统计出现误差以及两种背景数量统计精确度不同的主要原因是:①无人机在飞行的同时,羊也是在运动的,这导致同一只羊在运动前后形态特征发生变化,特征点也随之变化了,也就降低了匹配率。并且图像中的羊群为多目标,会存在不同的两只羊形态特征相似甚至相同,在特征点匹配时容易出现错误的匹配结果,影响重叠区域定位;②在直线飞行时,斜视图视角下远景的羊群密集度、羊群特征,与飞近后的密集度、羊群特征不同,因此,在特征点匹配时精准度降低、定位不准确,导致统计结果与实际数量存在误差。但在转弯、侧视和俯视的情况下,匹配结果较为精准,这是因为这三种视角下,无人机运动前后拍摄的羊群尺度可保持不变。从所有的匹配结果可分析出,采用特征点匹配的方法提取重叠区域后,再进行基于检测的统计方法统计羊群数量是有效的。

以上只是无人机结合人工智能的深度学习的一个应用案例,未来人工智能将把无人机应用推向无所不能的地位。

第9章 无人飞行器现场演示

9.1 课程目的

通过本章的课程,从感性上认识无人机系统的组成以及控制原理,以及不同无人机的布局特性。

9.2 课程内容

9.2.1 结合演示案例和资料,讲解无人机系统的组成和功能

一般包括以下六部分组成(见图9-1):

(1)无人机平台分系统,包括机体、动力装置、飞行控制与管理设备等。

(2)任务载荷分系统。

(3)测控与信息传输分系统,包括无线电遥控/遥测设备、信息传输设备、中继转发设备等。

(4)指挥控制分系统,包括飞行操纵与管理设备、综合显示设备、地图与飞行航迹显示设备、任务规划设备、记录与回放设备、情报处理与通信设备、与其它情报和通信信息接口等。

(5)发射与回收分系统,包括与发射(起飞)和回收(着陆)有关的设备或装置,如发射车、发射箱、助推器、起落架、回收伞、拦阻网等。

(6)保障与维修分系统,包括基层级保障维修设备、基地级保障维修设备等。

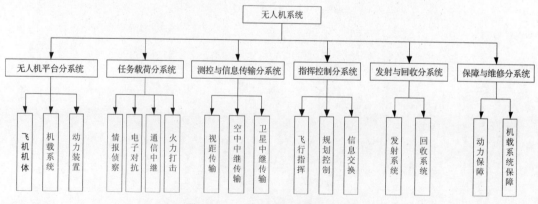

图9-1 一般无人机系统的组成

9.2.2　讲解演示无人机的布局特性

考虑到无人机布局形式的代表性以及教学成本,选择参与课程教学的无人机有以下正常式布局"双子星",四旋翼"M600",旋固耦合"飞龙 2160"和"CW007",飞翼布局"MY - miniFY"和太阳能无人机"MY - 4"(见图 9 - 2 及表 9 - 1~表 9 - 4)。

图 9 - 2　课程教学案例无人机

(a)正常式布局"双子星";　(b)四旋翼"M600";　(c)旋固耦合"飞龙 2160";
(d)旋固耦合"CW007";　(e)飞布局"MY - miniFY";　(f)太阳能无人机"MY - 4"

表 9 - 1　双子星技术参数

翼展/m	1.8	升限/m	5 000
机长/m	1.23	航时/h	2
机身高度/m	0.16	航程/km	160

续表

翼展/m	1.8	升限/m	5 000
空机质量/g	960	电池容量/(mA·h)	10 000
最大起飞质量/kg	5.8	最大航速/(km·h^{-1})	150

表 9 - 2 飞龙 2160 技术参数

翼展/m	2.16	巡航速度/(m·s^{-1})	15～20
机长/m	1.2	航时/h	15～2.5
翼面积/dm^2	60	航程/km	90～150
有效载荷/kg	1	电池容量/(mA·h)	16 000/25 000 (6 s)
起飞质量/kg	6～8		

表 9 - 3 DJIM600 技术参数

轴距/m	1.133	巡航速度/(m·s^{-1})	18(无风)
空机质量/kg	9.1	最大上升/下降速度/(m·s^{-1})	5/3
最大起飞质量/kg	15.1	悬停时间/min	40(无负载)
有效载荷/kg	6	悬停时间/min	18(5.5 kg负载)
飞行高度/m	2 500	电池容量/(mA·h)	5 700 * 6 (6 s)
定位精度垂直/水平/m	0.5/1.5	最大抗风/(m·s^{-1})	8

表 9 - 4 CW007 技术参数

翼展/m	2.2	无线链路范围/km	30
机长/m	1.3	巡航速度/(km·h^{-1})	65
最大起飞质量/kg	6.8	航时/min	60
有效载荷/kg	0.8	电池容量/(mA·h)	18 000
最大起降海拔/m	4 500	最大抗风	6级
实用升限/m	6 000		

9.2.3 以正常式布局"双子星"为例讲解飞行控制系统和数据链

双子星的控制和操纵依靠平尾上的升降舵、机翼上的副翼、垂尾上的方向舵,采用 PID 控制律通过飞控计算机来实现。

9.3　飞行演示

飞行演示系统由遥控器、地面站、数据链、飞控计算机和无人机机体组成(见图 9-3、图 9-4)。

试验科目:

(1)双子星。操纵手遥控,演示滑跑起降,不同舵面操纵时飞机的反应。

(2)四旋翼 M600。操纵手遥控,演示起降、过渡、前飞、悬停、降落的操纵。

(3)旋固耦合的飞龙 2160 和 CW007。操纵手遥控,演示飞龙 2160 的起降、过渡、前飞、悬停、降落的操纵。与四旋翼进行对比讲解。

自动控制,演示 CW007 的起降、过渡、前飞、悬停、降落的操纵。与四旋翼进行对比讲解。

(4)飞翼布局的 MY-miniFY。演示自动驾驶仪滑跑起降、飞行操纵。与正常式布局进行对比讲解。

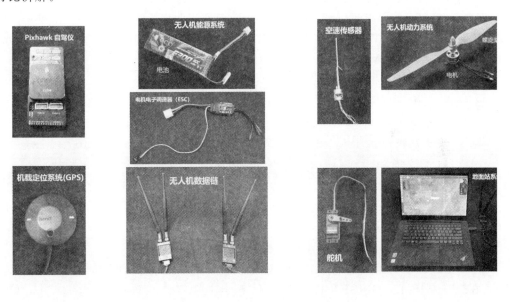

图 9-3　飞控计算机、数据链与地面站

图 9-4　飞行演示系统

参 考 文 献

[1]　魏瑞轩,李学仁. 无人机系统及作战使用[M]. 北京:国防工业出版社,2009.

[2]　祝小平. 无人机设计手册[M]. 北京:国防工业出版社,2007.

[3]　克拉伦斯. 我怎样设计飞机[M]. 杨松,译. 杭州:浙江教育出版社,2019.

[4]　LLOYD R J. Aircraft design projects for engineering students. Amer Inst of Aeronautics,2003.

[5]　詹金森,马奇曼. 飞机设计案例教程[M]. 李占科,译. 北京:航空工业出版社,2013.

[6]　吴镇远. 涡量空气动力学原理[M]. 北京:清华大学出版社,2005.

[7]　安德森. 空气动力学基础[M]. 杨永,译. 北京:航空工业出版社,2014.

[8]　CAMBONE S A, KREG K, PACE P, et al. Unmanned aircraft Systems Roadmap, 2005 - 2030 [R]. Washington D. C.：Office of the Secretary of Defense, 2005.

[9]　PX4 自动驾驶用户指南 [OL]. https://docs. px4. cc/master/zh/index. html.

[10]　安德森. 飞机:技术发展历程[M]. 宋笔锋,译. 北京:航空工业出版社,2012.

[11]　杰克逊. 从喷气机时代到未来之翼[M]. 李志涛,译. 北京:中国市场出版社,2015.

[12]　陈玉. 飞机发展史上的空气动力学故事[M] 北京:航空工业出版社,2017.

[13]　王秉良,鲁嘉华,匡江红,等. 飞机空气动力学[M]. 北京:清华大学出版社,2013.

[14]　钱翼稷. 空气动力学[M]. 北京:北京航空航天大学出版社,2005.

[15]　安德森. 空气动力学基础[M]. 杨永,宋文萍,张正科,等译. 北京:航空工业出版社,2014.

[16]　王洪伟. 我所理解的流体力学[M]. 北京:国防工业出版社,2014.

[17]　IMT - 2020(5G)推进组. 5G 无人机应用白皮书. 网络出版,2018 - 09.

[18]　RENS, HE K, GIRSHICK R, et al. Faster R-CNN：Towards Real-Time Object Detection with Region Proposal Networks [OL]. arXiv:1506.01497, 2015.

[19]　LIN T Y, DOLLÁR P, GIRSHICK R, et al. Feature pyramid networks for object detection[C]//Proceedings of the IEEE Conference on Computer Vision and Pattern Recognition. 2017:936 - 944.

[20]　HU P Y, RAMANAN D. Finding Tiny Face, Robotics Institute Carnegie Mellon University, CVPR 2017.

[21]　REDMON J, FARHADI A. Yolov3：An incremental improvement [J]. arXiv preprint arXiv:1804.02767, 2018.